水科学博士文库

Study on Drought Adaptability of
Robinia pseudoacacia L. Plantations

人工刺槐林
干旱适应性研究

靳甜甜　刘国华　杨朝晖 等　著

中国水利水电出版社
www.waterpub.com.cn
·北京·

内 容 提 要

本书以陕北黄土高原为研究区域，选择该地区常见的耐旱速生固氮造林树种——刺槐为研究对象，沿水分梯度设置了31块样地开展试验，揭示了区域土壤水分的空间分布和人工林地对土壤水分的影响，以及区域尺度刺槐人工林群落多样性、种群特征和刺槐个体生长现状，并从叶片营养元素含量等方面探讨刺槐的资源利用特点及在干旱胁迫下的资源使用策略。

本书可供从事干旱半干旱区植被恢复、植物生理生态适应性、植被生态水文效应等方面研究的科研工作者参考，也可供相关专业高校师生阅读。

图书在版编目（CIP）数据

人工刺槐林干旱适应性研究 / 靳甜甜等著. -- 北京：中国水利水电出版社，2019.12
（水科学博士文库）
ISBN 978-7-5170-8257-6

Ⅰ．①人… Ⅱ．①靳… Ⅲ．①洋槐－人工林－干旱地区造林－研究 Ⅳ．①S792.270.5

中国版本图书馆CIP数据核字(2019)第271287号

	水科学博士文库	
书　　名	**人工刺槐林干旱适应性研究** RENGONG CIHUAILIN GANHAN SHIYINGXING YANJIU	
作　　者	靳甜甜　刘国华　杨朝晖　等 著	
出版发行	中国水利水电出版社	
	（北京市海淀区玉渊潭南路1号D座　100038）	
	网址：www.waterpub.com.cn	
	E-mail：sales@waterpub.com.cn	
	电话：(010) 68367658（营销中心）	
经　　售	北京科水图书销售中心（零售）	
	电话：(010) 88383994、63202643、68545874	
	全国各地新华书店和相关出版物销售网点	
排　　版	中国水利水电出版社微机排版中心	
印　　刷	北京九州迅驰传媒文化有限公司	
规　　格	170mm×240mm　16开本　9.25印张　153千字	
版　　次	2019年12月第1版　2019年12月第1次印刷	
定　　价	**80.00元**	

前言

QIANYAN

　　我国生态环境较为脆弱，加之长期以来的人口压力和强烈的人类活动，导致生态系统退化，水土流失、沙漠化等各种生态问题突出，尤其在西部生态脆弱区，这些问题尤为严重。

　　为改善生态环境，我国各级政府将生态脆弱区的生态保护和改善作为一项重要工作长期开展，西部地区投入大量人力财力进行生态恢复，植树造林便是生态恢复的主要途径之一。

　　虽然植树造林在区域生态改善方面取得了一定成效，但实施过程中也发现了许多问题，尤其是在人工林地建设对水资源的影响以及造林物种适应性方面，例如，在干旱半干旱地区，部分人工林土壤干层的出现以及由于环境适应性不佳，一些造林树木在多年生长之后变成"小老头树"的现象，这些问题的出现导致人工植被恢复不可持续。目前，对于干旱和半干旱地区植树造林措施的合理性还存在很大争议。

　　本书以陕北黄土高原为研究区域，选择该地区常见的耐旱速生固氮造林树种——刺槐为研究对象，以区域水分梯度为主线，沿水分梯度选取 31 块样地，进行群落结构、刺槐种群特征和个体径向生长、土壤水分和养分、植物叶片营养元素和抗旱生理指标（水分特征和渗透压调节，抗氧化酶系统和膜质过氧化以及光合色素含量变化）等方面的调查和试验，探讨区域土壤水分的空间分布及人工林地对土壤水分的影响；明确区域尺度刺槐人工林群落多样性、种群特征和刺槐个体生长现状；从叶片营养元素含量方面探讨刺槐资源利用特点及在干旱胁迫下的资源使用策略；分析流域和区域尺度刺槐生理指标变化，以探讨其干旱适应策略，评价其有效性。通过多年野外调查和试验研究，得到以下主要结论：

（1）陕北地区地下水埋藏较深，而上坡位种植的刺槐林很难接收地表径流，加之该地区造林无人工灌溉措施，降水成为该地区土壤水分的唯一来源，基本可反映植物可获得水资源量的大小。多年平均年降水量（以下简称"年均降水量"）可解释区域上1m深土壤水分变异的61%。

（2）在整个区域，1m深土壤水分与林龄呈显著负相关，但在不同降水量范围内二者关系有所不同。在降水量充足的地区（年均降水量617mm），造林后土壤结构的改善可增加土壤水分含量；随着降水量的减少（年均降水量509mm），林木蒸腾耗水会造成土壤水分的消耗，而随着林木老化土壤水分可能逐渐恢复；在降水量极其匮乏地区（年均降水量352mm），土壤水分含量较低，不能被植物所利用，因此，随林龄增加土壤水分无明显变化趋势。

（3）刺槐生长对20～60cm有效根密集区土壤水分消耗明显。

（4）刺槐林下植被多样性表现出南北低中间高的趋势；随着降水量的减少，刺槐人工林密度、郁闭度降低；干旱胁迫使刺槐径向生长受到影响，同时缩短了径向生长旺盛期的长度。

（5）刺槐叶片单位质量氮含量（N_{mass}）高而比叶重低，代表一种资源的快速利用和消耗以获取更多生长的资源使用策略。此策略在资源条件较好的环境下具有明显优势；在资源相对匮乏的条件下，不利于短缺资源的有效利用。

（6）比叶重与单位面积氮含量（N_{area}）之间的正相关关系反映了植物在干旱条件下以降低养分利用效率和提高建造成本为代价来提高水分利用效率的生存策略。然而，随着干旱胁迫的加重，比叶重与N_{area}之间的正相关关系变得不显著或者呈现负相关。这种转变意味着对于高比叶重叶片来说，光合潜力降低的同时建造成本反而更高，这可以解释干旱胁迫下"小老头树"的形成。

（7）在区域尺度上，降低饱和含水量和失水速率对刺槐干旱适应性有重要意义；在流域尺度上，饱和含水量变异的缩小有助于植物减轻干旱胁迫，而增加脯氨酸和可溶性糖含量只在轻度干旱胁迫下起作用，重度干旱胁迫下脯氨酸和可溶性糖含量降低对刺槐干旱适应性不利。

（8）干旱胁迫下过氧化物酶（POD）酶活的降低很可能导致膜质过氧化胁迫加重，对物种生长和存活极为不利；北部干旱胁迫较严重地区膜质过氧化的缓解可能是由于极度干旱条件下生物体其他抗旱机制的激发。

（9）干旱胁迫下刺槐降低叶绿素含量而维持类胡萝卜素在正常水平，有利于叶片减少光能的吸收和增加过剩光能的耗散，有利于缓解干旱胁迫下诱发的氧化胁迫，是物种适应干旱胁迫的重要措施。然而，叶绿素的降低使叶片光合潜力受到影响，生长速率变缓。

本书共7章。第1章绪论，介绍了干旱半干旱地区造林的背景、植物干旱适应性研究进展，以及本书的研究背景、内容及技术路线；第2章研究区概况及样品采集，阐述了陕北地区自然环境特点、社会经济及退耕还林现状，并详细地描述了野外样地设置、样品采集和样地气候及土壤概况；第3章陕北地区刺槐种群及林下植被状况，分析了刺槐种群和群落特征随水分梯度变化的情况，总结了研究区刺槐林种群群落时空特征；第4章土壤水分分布及其与刺槐林地的关系，通过区域上不同林龄刺槐林地土壤水分测定，揭示了研究区人工刺槐林地土壤水分变化规律及其潜在影响；第5章水分梯度下刺槐叶属性变化及其生态学意义，通过与水分利用密切相关的叶属性和叶片生理指标的分析，探讨了人工刺槐林干旱适应性机制；第6章刺槐抗旱生理指标及其与环境因子的关系，通过分析刺槐水分特征、渗透压调节、抗氧化酶、膜质过氧化以及光合色素的变化，研究了干旱胁迫下刺槐的适应策略；第7章结论与展望，基于全书内容的总结，提出了未来研究建议和需重点关注的研究内容。

本书的出版得到了国家自然科学基金青年基金（31300402）的资助。在野外试验和数据处理过程中，得到了杨磊、丁小慧、胡婵娟、刘宇、苏常红、李宗善等人的帮助，在此一并表示感谢。

本书所涉及的研究工作多为探索性研究，尚有许多不足之处，需继续深入探讨。如有疏漏，敬请广大读者批评指正。

作者
2019 年 8 月

目录

MULU

第 1 章 绪 论

木本植物种植可分为两类：造林和再造林。关于造林和再造林的定义，目前还没有统一的结论。联合国气候变化框架公约（United Nations Framework Convention on Climate Change，UNF-CCC）给出的基于土地覆盖的定义为：造林是指通过人工植树、播种或人工促进天然下种等方式，使至少在过去50年不曾有森林的土地转化为有林地的直接人为活动；再造林是指通过人工植树、播种或人工促进天然下种等方式，将过去曾经是森林但被转化为无林地的土地，转化为有林地的直接人为活动。造林、再造林后形成的林地称为人工林。本书抛开造林前的土地利用类型，统一用造林代替造林和再造林活动，而用人工林代替造林和再造林之后形成的林地。

造林可带来效益，亦可对生态环境产生不利影响。造林活动可提供一系列经济、生活和环境效益，如保护土壤（Castillo等，1997；Ilstedt 等，2007；Porto 等，2009）、防治荒漠化（Reynolds，2001）、保护物种多样性（Barlow 等，2007；Chirino等，2006；Lugo，1997；Parrotta 等，1997）、增加资源供给（Guevara 等，2003）和娱乐空间（Schiller，2001）、缓解气候变化（Fang 等，2001；Marin-Spiotta 等，2009；Pacala 等，2004）。另外，速生造林树种的强烈吸收和林木成熟后生物量的移除导致土壤养分严重消耗（Berthrong 等，2009；Merino 等，2004）；造林还会显著降低年径流量，减少地下水补给量（Brown 等，2005；Brown 等，2007；Bruijnzeel，2004；Farley等，2005）；有些地区造林树种的强烈蒸腾导致土壤干化，从而影响整个生态系统的健康。因此，需要根据造林地自然环境条

件合理选择恢复方式、挑选恢复树种，才能实现生态系统的可持续发展。

目前，用于造林的大部分树种为速生树种，如松属、桉属（Dye 等，2007；Maestre 等，2004），此类树种的高生物量往往以丰富的资源消耗为前提。在一些立地条件较差的地区，速生树种造林效果较差，出现树种成活率低、生长缓慢、病虫害严重和枯死等现象，不但不能实现造林目标，而且还会对原有生态系统产生不良影响（Cao 等，2010；Maestre 等，2004）。因此，在造林活动中，特别是在立地条件较差的地区造林时，需要充分考虑造林地环境条件挑选适宜树种。过去的几十年，干旱半干旱地区造林的可持续性受到广泛关注（Bellot 等，2004；Maestre 等，2004；Padilla 等，2009；Van Dijk 等，2007），而这一地区造林是否成功的关键问题为：造林与水资源的关系、干旱胁迫下造林树种适应性。下面就干旱半干旱地区造林现状、造林与水资源（主要是土壤水分）的关系以及树种适应性问题进行综述。

1.1 干旱半干旱地区造林的背景及现状

目前，世界范围内每年森林砍伐的速度超过造林和再造林速度，导致世界森林覆盖在 1990—2005 年以每年 $8.4 \times 10^6 \mathrm{hm}^2$ 或 0.2%的速度减少（Food and Agriculture Organization of the United Nations，FAO，2006）。与此同时，世界造林面积在 1990—2005 年之间增加了 42%，达到 $1.39 \times 10^8 \mathrm{hm}^2$，占世界森林覆盖面积的 3.5%。在这 15 年间造林速度增加到每年 $2.5 \times 10^6 \mathrm{hm}^2$。森林砍伐、自然林地到人工林地的转化主要发生在湿润的热带地区；而大部分从农地到林地的转化发生在中国东部和欧洲南部（FAO，2006）。在一些国家和地区，政府通过为造林提供贷款、补贴、有利政策促进造林活动的进行（Enters 等，2003）。

干旱半干旱地区面积占全球陆地面积的 1/3（Reynolds，2001），而随着气候变化干旱半干旱地区的面积有可能进一步扩大（Schlesinger 等，1990）。由于环境条件和人为条件的共同限制，这一地区极易发生生态系统的退化（Puigdefàbregas 等，1998；Schlesinger 等，1990）。目前，造林已经成为修复干旱半干旱地区退化生态系统的重要措施（Boix-Fayos 等，2009；Hu 等，2008）。由于干旱半干旱地区的造林在碳固定方面的重要作用（Keller 等，1998），未来干旱半干旱地区造林将变得更为普遍。

由于人工林的生长需要消耗大量水资源，因此造林往往会带来径流减少、土壤水分消耗的问题。Andreassian（2004）综合了世界 21 个造林（年均降水量 970～2240mm）和 115 个森林采伐（年均降水量 452～4236mm）的试验发现，在降水量小于 1000mm 的地方造林更容易造成断流。造林与水资源之间的矛盾对水资源压力已经较大的干旱与半干旱地区的影响更为严重（Farley 等，2005），很可能加剧这些地区的水资源短缺，从而进一步加剧造林树种的干旱胁迫。鉴于人工林（特别是一些速生外来树种）带来的经济效益有时大于本地树种，造林速度还在不断加快。目前，在全球人工林建设中比较常用的是速生、外来树种，而本地树种使用较少。而这些植物的天然分布区往往在气候条件比较好的地区，干旱半干旱地区降水量较少且季节分布不均匀，一些地区人工林的生长、更新受到限制，死树和"小老头树"的现象十分普遍（Oki 等，2006），在这种情况下，人工林地的可持续性受到极大挑战。干旱半干旱地区造林树种适应性的问题越来越受到关注（Cao 等，2010）。

造林与水资源之间的矛盾是干旱半干旱地区造林的主要问题。由于水产量与可用水资源之间的关系较为紧密，基于人类自身需求，现阶段大部分研究集中于造林对水产量的影响。然而，水产量并非植物可直接利用的水资源，可被植物直接利用的水资源是保存在土壤中的那部分水分，是维持植物生长耗水的最主要来源。因此，干旱半干旱地区土壤水分的变化对植被恢复和生态系统可持续性具有更重要的意义。

1.2　土壤水循环以及主要影响因子

土壤水分是一种重要的水资源，降水或灌溉都要转化成土壤水才能被植物吸收，是植物生长所必需的资源。干旱半干旱地区土壤含水量对植物的生长有重要的意义。

1.2.1　土壤水分循环与平衡

土壤水处于循环变化之中，其循环过程主要受到气象、地形、土壤、植被等因素的影响。在黄土高原地区，土壤水分的主要来源是降水（由于地下水埋藏很深，因此其对土壤水循环的影响可忽略）。水循环过程大致为：降水穿过植被时部分被冠层截留，穿过植被到达土壤表面的水分一小部分形成地表径流，大部分渗入土壤形成土壤水。土壤中的水分部分经植物根系吸收进入植物体，通过植物蒸腾作用又进入大气，有一部分通过土壤蒸发回到大气，还可能有一小部分渗入深层土壤进入地下水。土壤水循环以年为周期，略有波动。而在空间上，不同土层深度土壤水分循环表现出不同特征。据研究，在我国黄土高原地区，根据土壤水分分布状况可将土壤分为三层：一为活跃层，位于土层表面 20cm，这一层水分交换十分活跃，土壤含水量与大气环境密切相关；二为双向补偿层，此层位于 20～150cm 土层之间，处于降水下行入渗补偿土壤水分和土壤水分上行对蒸发面水分蒸发补给的平衡中，常常处于不稳定状态；三为相对稳定层，通常位于 100cm 土层以下，土壤水分变幅较小（王国梁等，2002）。

1.2.2　土壤水分主要影响因子

土壤水分的蓄积、运移和消耗过程受到如气候、地形、土壤和地上植被状况等因子的影响（郭军权等，2005）。在较大区域尺度上，影响土壤水分分布格局的主要因子是气象因子，如降水和温度。在不考虑植被的情况下，可根据月降水量与当月实际蒸发量进行土壤水分平衡的计算。

当月实际蒸发量等于可蒸发水资源量和可能蒸散量中较小的一个。可蒸发水资源量等于上月剩余水资源量与本月降水量之和。可能蒸散量是温度的函数。降水对土壤水分的影响呈现脉冲式特点。降水后土壤水分上升，之后随着土面蒸发和植物蒸腾土壤水分缓慢降低。降水是土壤水分的最主要来源，而温度主要影响土壤水分的散失速度。

土壤水分还受到地形，如坡度、坡向、坡形和坡位的影响（何福红等，2002；马祥华等，2004）。地形通过影响降水再分配与能量的收入，从而造成不同地形条件下水分进入和离开土壤的量和速率有所差异。在其他条件一致的情况下，地面坡度越大，水越容易沿坡面下流，形成径流，造成土壤入渗量减少，土壤含水量较低；而地面坡度越小，降水入渗量越大，降水不易发生再分配，土壤含水量较高（韩蕊莲等，2003；马祥华等，2004）；蒋定生等（1987）在对安塞 65 次降水和径流资料分析后发现：7°和 30°的临界产流降水量分别为 7mm 和 2.8mm。凸坡造成降水分流，不利于地表接纳降水；凹坡有利于降水的汇流，汇流延长了水分向土壤中入渗的时间，且汇集的水分在重力作用下更容易渗入土壤。不同坡向的坡面接受的太阳辐射量有差异，造成土壤蒸发和植被蒸腾潜力的差异，进而对土壤水分产生影响。由于阳坡接受的太阳辐射量较多，水分散失量大，因此土壤水分也会低于同条件下的阴坡（韩蕊莲等，2003）。除了坡度、坡向和坡形，坡位也会对土壤水分产生影响。一般来说，坡顶处风力大，造成土壤蒸发力强，且坡顶土壤水分的唯一来源就是降水的就地入渗。坡面上，除了接受降水，还会有来自坡顶和上坡面的水分汇流，越往坡面下部，坡面接受的汇流水分越多，土壤含水量越高。

进入土壤的水分同时受到土壤物理化学性质的影响，如土壤质地、土壤结构、土壤有机质含量以及容重等。土壤中只有可被植物吸收利用的那部分水分称为有效水。目前，一般把田间持水量到永久凋萎湿度之间的水分称作有效水。质地不同的土壤其颗粒组成及含量不同，从而构成了不同的土壤毛细管分布特征，影响着土壤持水性及导水性。黏土总孔隙大，但多为毛管孔隙和无效孔隙，田间持水量高，而凋萎湿度也高，导水性差。砂土土壤总孔隙度小，田间持水量低，凋萎湿度低，导水性好。壤土介于黏土和砂土之间。土壤有机质含量的增加有利于改善土壤结构，增加有效孔隙度（率），从而提高土壤持水性能（Franzluebbers，2002；Oki 等，2006）。

土壤水分还受到地上植被的影响。植物在生长过程中不断从土壤中吸收水分，而植物的生长也会使地表环境发生变化，从而间接影响土壤水分的蓄积、迁移和消耗过程。在干旱半干旱地区，植被耗水是土壤水分散失的重要过程，该地区植被恢复已造成土壤水分的消耗。相对于植被恢复前，不同恢复模式下土壤水分均有不同程度的降低。植被类型不同，植物的根系分布及密度具有很大差异，因此形成了不同的耗水特征（何福红等，2002）。由于林地耗水量远大于灌木和草地，因此在一些地区造林造成土壤水分的严重消耗。一般来说土壤含水量由高到低依次为坡耕地、草地、灌木地、林地（郭军权等，2005；韩蕊莲等，2003；马祥华等，2004）。造林后，植被结构、凋落物、土壤性质以及植被耗水特征的改变会对土壤水分产生直接或间接的影响。

1.3 造林对土壤水分的影响

土壤水分变化是影响干旱半干旱地区造林树种适应性的最重要环境因子。同时，人工林地也会通过冠层截流、根吸收、凋落物层缓冲和造林后土壤持水性的改变等间接影响土壤水分（赵世伟等，2002）。

造林会显著改变植被冠层结构，从而影响降水的再分配过程。Shachnovich 等（2008）通过对松树冠层穿透雨的研究发现平均穿透雨量与土壤中水分的增加量呈显著正相关。根据 Chirino 等（2001）的研究，23%～35%的年降水被地中海白松冠层截流，从而降低了可到达土壤表面的穿透水量。在西班牙和以色列的半干旱造林地，由于地中海松冠层截留作用，到达土壤表面的水分降低了 15% 和 35%（Bellot 等，1999；Maestre 等，2003）。在相同降水量情况下，相对于造林前，造林后部分降水被冠层截留蒸发回到大气，而到达土壤表面的水量减少，不利于土壤水分的积蓄。不同树种间冠层结构不同，造成冠层截留差异较大（Huber 等，2001）。

植物生长耗水能显著影响土壤水分。Breshears 等（1997）通过给水控制试验表明食松和北美樱桃核桧能明显地消耗林冠间浅层土壤水分（0～30cm）。Gordon（1998）综合了美国佛罗里达地区关于造林的研究发现：植物强烈的蒸腾作用使土壤变干、湿地水流失。树种不同，植物根系分布深度、蒸腾强度也会有所不同。与阔叶树种相比，针叶树种的水分利用效率更高（Strelcova 等，2002）。在中国黄土高原长武地区的研究结果为，0～250cm 土层土壤水分消耗量从大到小依次为刺槐、侧柏、油松、沙棘和草地（陈杰等，2008）。造林中广泛使用速生树种，此类树种蒸腾随林龄增加而先增加后减少。在干旱半干旱地区，造林初期土壤水分呈现不断消耗的趋势，而随着树木的老化，土壤水分消耗状况可得到改善。

除了直接影响，造林后地表凋落物以及土壤性质的改变也会影响土壤水分的运移过程。造林后凋落物的增加可提高腐殖质层的导水性，从而增加水分在土壤中的停留时间（Robichaud，2000）。凋落物的覆盖还可以隔离部分太阳辐射，减少土壤水分蒸发。人工植被恢复可改变土壤理化性质［如土壤有机质、容重、孔隙度（率）、导水率等］（Bruijnzeel，2004；Li 等，2006），而这些性质可影响降水进入土壤的过程以及土壤持水力。

造林整地措施也是引起土壤水分变化的一个主要因素。常用整地措施有鱼鳞坑、梯田等。鱼鳞坑整地面积较小，对表土和小地形的改变不大。而梯田整地会破坏表土和植被，改变土壤水热属性。由于对地形改变较大，能有效截留降水，从而对水循环有重要影响。整地后土壤表层土壤有机碳降低，土壤结构被破坏，

土壤的持水力和保水力会受到影响。但由于梯田截留了更多的水分，因此相对于未整地土壤，整地后的梯田种土壤水分条件得到明显改善。

因此，造林对土壤水分总的影响取决于正负作用的平衡点。造林对土壤水分的影响呈现出不稳定性，随时空变化而呈现不同结果。现在大部分的研究多偏重于土壤水分短期和某一点变化（Breshears 等，1997；Koechlin 等，1986；Li 等，2004；曹扬等，2006），长期、区域的研究较少。干旱半干旱区造林对土壤水分特别是浅层土壤水分有显著影响（Breshears 等，1997；Schume 等，2004）。在降水量充分的地区，当农地和草地变为林地时，由于林地对土壤的保护作用，土壤水分条件会随之改善（Schume 等，2004）。但在降水量稀少的干旱半干旱区，人工林地冠层截留和强烈的根吸收很可能造成土壤干燥化。在西班牙的研究表明，与其他群落类型相比，半干旱地区地中海松造林地土壤水分通常较低。地中海松对 0～10cm 和 10～30cm 土层深度的土壤水分有显著的消耗（Bellot 等，1999）。这一地区，土壤水分随地中海松造林密度的增加而降低，特别是在降水之后更为明显（Bellot 等，2004）。

1.4 植物干旱适应性研究的进展

在干旱和半干旱地区，水分是制约树木生长的主要限制因素（Schume 等，2004；Wang 等，2004）。在水分条件较差的人工生态系统中，树种（特别是外来树种）的更新和生长受到限制（Arrieta 等，2006；Dye 等，2007；Oki 等，2006）。Padilla 等（2009）的研究结果表明，一些被广泛种植的速生树种的成活率不足 55％。目前，一些研究从水分利用策略（Almeida 等，2007；Querejeta 等，2008）、光合生理、生长状况（Oki 等，2006；Peichl 等，2006）、成活率（Padilla 等，2009）和更新情况（Arrieta 等，2006）等方面对树种的适应性进行了详细的阐述。然而目前的研究有 3 个方面的不足：①多为控制试验。由于控制试验的结果与植物在野外的真实反应之间有较大差异（Oleksyn 等，2003），因此很难代表植物在野外的真实适应性。②多为流域尺度小范围试验。由于造林地气候、土壤、地形等因素的多样性，定点试验结果并不能用来分析树种的区域适宜性。③研究时间尺度较短。在研究树种适应性时多分析某一林龄植物适应性指标，不能反映树种的长期适应性。为阐明造林树种真实的适应性，大尺度长时间序列的造林树种适应性研究（Oleksyn 等，2003）十分必要。

具有代表性且易测定的指标是进行大尺度研究的先决条件。以下选取与植物水分利用策略和生长密切相关，且易于大范围应用的指标（叶属性和一些抗旱生理指标）进行造林树种适应性分析。

1.4.1 叶属性

叶属性与生态系统结构、功能关系密切（Fortunel 等，2009；Poorter 等，2006；Reich 等，1992）。在过去的 20 年里，叶片营养元素分布格局及其与气候的关系已有广泛研究（Reich 等，1992；Reich 等，1999；Wright 等，2005）。叶属性格局及其与气候的关系反映了植物在不同环境下化学、结构和生理方面的调整，是植物相对于特定环境采取的资源使用和生长策略的结果（Reich 等，1997；Shipley 等，2006；Wright 等，2005）。虽然气候变化只能解释叶属性变异的一小部分，但随环境变化叶属性变异有明显的变化趋势（He 等，2010；Reich 等，2004；Westoby 等，2006）。此外，一些关键叶属性的测定较为便利和经济（Cornelissen 等，2003），与水分利用相关的叶属性测定可以解释树种适应的内在机理，对未来的植被重建工作有重要的指导意义（Hatton 等，1998）。

比叶重（Leave Mass Area，LMA）和养分含量是表征植物资源的获取和使用策略的重要指标，对植物的生长和更新十分重要（He 等，2009；Poorter 等，2009；Vendramini 等，2002；Westoby，1998；

Wilson 等，1999）。比叶重较大的叶片，往往单位面积光合物质的积累较多，因此单位面积光合量较大（Gutschick 等，1988）；但比叶重增加很可能引起氮的稀释，因此会造成单位干物质含量光合速率的降低（Reich 等，1997；Reich 等，1994）。另外，比叶重较高的叶片光合物质较容易积累，光合作用过程中对参与光合作用的各种酶和蛋白的利用效率会降低，造成植物对氮的利用效率降低（Cordell 等，2001；Hikosaka，2004）。比叶重较高的叶片单位面积建成成本较高，但由于其机械韧性较高可延长叶片寿命以补偿前期投入过多造成的损耗（Wright 等，2001）。通常，比叶重较低的植物对应的是一种资源快速获取和消耗的策略，以获取较高生长速率；相应的，比叶重较低的植物对资源的保存能力较强，并能实现资源利用的持续性，但生长速率受到限制。比叶重较低的植物在资源相对丰富的环境中较有竞争力，而比叶重较高的植物对资源贫乏的环境适应性较强（Poorter 等，1999；Wright 等，1999；Wright 等，2002）。因此，比叶重是确定植物资源分配策略时最重要的指标之一（Caccianiga 等，2006）。

在陆地生态系统中，氮、磷和钾是限制植物生长的主要营养元素。氮是酶、腺苷三磷酸（Adenosine TriphosPhate，ATP）、多种辅酶和辅基的成分。光合作用需要酶，叶片中氮含量的 80% 在叶绿体中，因此叶片氮含量与光合作用有密切关系（Delucia 等，1991；Hikosaka，2004；Onoda 等，2004；Schieving 等，1999）。以往许多研究表明叶片氮含量与光合速率呈正相关关系，然而氮含量高的叶片光合氮利用效率较低（Reich 等，1994；Reich 等，1997；Ripullone 等，2003）。磷参与碳水化合物的代谢和运输，如在光合作用和呼吸作用过程中，糖的合成、转化、降解大多是在磷酸化后才起反应的。钾是一种重要的活化剂，它可作为 60 多种酶的活化剂，钾能促进蛋白质的合成，与糖的合成也有关，并能促进糖类向储藏器官运输。

干旱胁迫发生时，植物会通过调节比叶重以及叶片养分含量来适应环境。干旱胁迫下比叶重和单位面积氮含量之间的协变对于植物资源使用策略至关重要。二者之间的相互关系代表了植物在光合作用过程中对水和氮的使用策略，在水分较低的环境中这两个指标的变化对植物的水分利用非常重要（Bacelar 等，2004；Centritto 等，2002；Cornwell 等，2007；Poorter 等，2009）。比叶重和单位面积氮含量会随干旱胁迫的发生而升高。比叶重较高的叶片较为致密，且水分传导路径变长，干旱胁迫下比叶重较高的叶片机械强度得到加强，因而对水分的保持能力较强（Bacelar 等，2004；Centritto 等，2002；Niinemets，2001）。单位面积氮含量较高的叶片单位面积光合潜力得到加强，因而在水分散失量相同的情况下可有效提高碳固定量，提高水分利用效率。然而，比叶重和单位面积氮含量的提高以单位面积建造成本的提高为代价，并且很有可能造成对氮的利用不够充分（Alvarez‐Clare 等，2007；Collier 等，1996；Hikosaka，2004；Niinemets，2001；Wright 等，2001）。但在干旱环境中，高比叶重和高单位面积氮含量叶片对植物的生长却十分有利，特别是对水分保持（Duursma 等，2006；Shields，1950；Witkowski 等，1991）和单位面积碳固定能力的提高（Hikosaka，2004）有重要的意义。

1.4.2 抗旱生理指标

干旱胁迫下植物的生理生态响应及耐受性已有大量研究，目前研究的热点包括以下几个方面：干旱环境下植物水分保持策略（Schulze，1986）、植物对干旱诱发氧化胁迫的反应（Smirnoff，1998）和干旱胁迫下植物的生理生化反应（Chaves，1991）等。此外，一些学者针对植物叶片结构和功能之间的关系（Valladares 等，1997）、根形态学和抗胁迫能力（Maggio 等，2001）等方面的问题也进行了一些探讨。此类研究为解释和预测植物在干旱胁迫下的存活、生长和演替提供了基础信息和数据。近年来，随着分子生物学的发展，与植物干旱胁迫耐受性和抗性相关的分子生物学过程受到特别关注（Bohnert 等，1998）。

在干旱环境中，水分是植物存活、生长和再生的主要限制因子。干旱胁迫下的植物会通过各种形态结构和生理过程的调整以适应不利环境，其中叶片水分特征调整、渗透压调节物质含量的变化、抗氧化酶系统的改变以及光合色素含量调节是与植物干旱适应性密切相关的几个重要过程。下面从这几个方面综述植物对干旱胁迫的适应性策略。

1.4.2.1 水分特征与渗透压调节

水分是植物的重要组成部分、植物体物质的溶剂和一些生理生化反应的原料，因此植物水分特征在植物干旱适应性中发挥着重要作用。目前，对于植物水分特征的研究主要集中在植物水分含量、水势和渗透压调节等方面。具有束缚水含量高、束缚水与自由水比值高、持水力强、水势极低等特征的植物叶片更能抵御干旱胁迫，有效利用有限水资源（Busch 等，1995）。

干旱胁迫下的植物可通过降低叶片含水量，减少蒸腾以保存水分。水在叶片中以自由水和束缚水两种形态存在。自由水在叶片内部可自由流动，可溶解许多物质和化合物，是良好的溶剂，它可以参与物质代谢，是新陈代谢所需营养物质和代谢的废物输送的重要媒介，自由水含量较多的叶片代谢旺盛。束缚水因与蛋白质、多糖等物质相结合而失去流动性，它是细胞结构的重要组成成分，不能溶解其他物质，不参与代谢作用。束缚水可使细胞保持一定形状、硬度和弹性，在干旱胁迫下可避免细胞因失水而变形以及保持细胞膨压。自由水和结合水在一定条件下可以相互转化。鉴于自由水和束缚水的不同功能，植物通常会提高束缚水在叶片水分中的比例来增加对干旱的抵御能力（Rascio 等，1992）。加强细胞结构、减小含水量变异有利于细胞形状的保持，从而降低植物细胞器和细胞膜损伤程度（Zimmermann 等，1979）。

水势大小决定了植物吸水能力，较低的水势可帮助植物适应干旱或其他胁迫造成的外界渗透势急剧降低的情况。Liu 等（2003）的研究发现：极低的水势可帮助旱生植物柽柳适应干旱环境，柽柳可通过增加根系深度来适应较低水势。渗透压调节是植物在干旱胁迫下降低渗透势，从而抵抗逆境胁迫的一种重要方式。它主要通过植物主动积累溶质来降低渗透势，从而降低水势，维持水分吸收，保证膨压。植物在遭受干旱胁迫时，累积的渗透压调节物质主要分为无机离子和有机溶质两大类。无机离子主要包括 K^+、Na^+ 和 Ca^{2+} 等；有机溶质主要有脯氨酸、可溶性糖、可溶性蛋白和甜菜碱等。它们在植物渗透调节以及抵御干旱逆境引起的氧化胁迫中起重要作用 (Gill 等，2002；Sanchez 等，1998)。脯氨酸和可溶性糖的积累是植物干旱胁迫下最初的生理反应之一。高等植物脯氨酸和可溶性糖的积累有多种作用，其中很重要的一项为调节细胞在缺水状态下的渗透压，保持细胞膨压以维持正常生理活动的进行 (Gill 等，2002；Sanchez 等，1998)。一般认为在干旱条件下叶片脯氨酸含量变化主要有 3 个原因：①干旱胁迫诱发的脯氨酸合成量变异；②脯氨酸氧化量变异；③极度干旱条件下氨基酸分解导致脯氨酸的积累 (Fukutoku 等，1981)。植物遭受干旱胁迫时，脯氨酸和可溶性糖增加较多的植物对干旱的抵御能力更强，但也有一些植物脯氨酸和可溶性糖的含量在干旱发生时并未出现增长趋势。

1.4.2.2 抗氧化防御系统与膜脂过氧化

干旱条件下，植物光能捕获和利用失衡，光合作用受到抑制 (Foyer 等，2000)。植物光系统 Ⅱ (PSⅡ) 活动的降低导致大量产生的电子不能被完全利用，光量子产量降低。这种光化学变化导致 PSⅡ 反应中心和天线中多余光能的耗散，进而产生活性氧 (Reactive Oxygen Species，ROS)。存在于植物细胞中的 ROS 如果不能得到有效的清除，会对植物体产生危害 (Peltzer 等，2002)。另外，光合电子传递的变化必然导致超氧自由基的形成。虽然光合电子传递对干旱胁迫有一定耐受性，但在植物中叶绿体光电子传递降低 20%～30% 的情况并不少见。干旱不仅造成光合色素的急剧降低，而且还会导致类囊体膜的破坏 (Ladjal 等，2000)。PSⅡ 中的光化学反应更容易受到干旱的影响。二氧化碳吸收的抑制、光合系统活动的降低以及光合电子传递能力的变化导致叶绿体中梅勒反应产生 ROS 的速率提高 (Asada，1999)。因此，干旱胁迫下叶绿体中氧气光还原速率的增加很可能导致超氧化物和过氧化氢的积累（Robinson 等，2000）。PSⅡ活力下降加之热力学限制使处于干旱胁迫下的叶片电子流受到抑制，生物体中大部分氧化损伤来自 ROS。

植物体内存在一系列的 ROS 解毒机制，消除 ROS 对细胞的危害。这些机制存在于所有植物，按照解毒机理的不同可分为：酶和非酶两种途径。参与 ROS 解毒的酶主要包括超氧化物歧化酶（SOD）、过氧化氢酶（CAT）、抗坏血酸过氧化物酶（APX）、过氧化物酶（POD）、谷胱甘肽还原酶（GR）和单脱氢抗坏血还原酶（MDAR）等（Munne - Bosch 等，2003），这些酶通过催化 ROS 发生氧化还原将 ROS 转换为毒害较低或无害的物质。非酶物质有黄烷酮、花青素、类胡萝卜素和抗坏血酸等，这些物质可以通过与 ROS 或被保护分子发生反应消除 ROS 的危害。例如，花青素作为一种自由基清除剂，它能和蛋白质结合防止过氧化，还可以猝灭单线态氧。抗坏血酸具有较强的还原性可通过与 ROS 的反应消除 ROS 的氧化性进而防止自由基对细胞物质的损害。这些物质可提升植物活性氧清除能力，进而使植物对干旱胁迫产生耐受性。

氧自由基对生物的危害包括 DNA 断链、氨基酸和蛋白质氧化和脂质过氧化（Johnson 等，2003）。在干旱胁迫下 ROS 的存在是造成细胞的破坏的主要因子。植物细胞活性氧应激过程中的副产品包括脂质过氧化物和巯基自由基等。膜质过氧化是 ROS 细胞损伤的一个重要过程。在膜质过氧化过程中，ROS 与生物膜的磷脂、酶和膜受体相关的多不饱和脂肪酸的侧链及核酸等大分子物质起脂质过氧化反应，从而使细胞膜的流动性和通透性发生改变，最终导致细胞结构和功能的改变。丙二醛是表征脂质过氧化程度和评价细胞氧化损伤的重要指标，被广泛应用于植物体氧化胁迫损害研究中。

在高等植物的所有光合细胞中都存在抗氧化机制。而植物对干旱的反应因种而异，并与树种发育、代谢以及胁迫持续的时间和强度有关。研究发现，多种胁迫（干旱胁迫、盐胁迫等）都可造成叶片抗氧化能力的变化（Pastori 等，2002）。众所周知，干旱胁迫下的植物可诱导氧化应激（Chaitanya 等，2002），而叶绿体中超氧化物歧化酶的增加可提高植物胁迫耐受性（Arisi 等，1998）。目前，草本植物，尤其是对 C4 植物的研究发现，干旱胁迫下草本植物的氧化应激较为明显（Kingston‑Smith 等，2000），而木本植物干旱胁迫下的氧化应激呈现出与草本植物不同的状态。Kronfu 等（1998）的研究表明干旱胁迫下木本植物某种抗氧化酶含量没有变化，甚至有的出现降低趋势（Kronfuss 等，1998）。产生这一现象的原因可能是木本植物的适应性反应需要经历一个缓慢的驯化过程。

目前，关于干旱胁迫下植物抗氧化防御系统以及膜质过氧化研究多是在室内通过人工胁迫处理获得，注重了植物生理学的研究，但很少和植物的生态环境因子相联系（Munne‑Bosch 等，2003）。

1.4.2.3 光合色素含量调节

叶绿体中的色素是植物光能捕获的主要功能蛋白，与光合作用密切相关，其变化可以在一定程度上反映光合机构对光强的响应（Pandey 等，2005）。植物体色素可分为叶绿素 a、叶绿素 b 和类胡萝卜素，不同色素在植物能量利用中有不同作用。植物叶片色素其含量和比例是植物环境适应性的重要指标。

叶绿素 a 是指物体中含量最多的色素，它对 430nm 的蓝光和 662nm 的红光有较强的吸收峰；叶绿素 b 的结构与叶绿素 a 相似，它对波长为 453nm 和 642nm 的光有较强的吸收峰，植物体中叶绿素 b 含量少于叶绿素 a，在光能吸收中处于辅助地位；类胡萝卜素是一种脂溶性辅助色素，存在于细胞质膜中，所有光合器官中都有类胡萝卜存在，类胡萝卜素对波长为 550～460nm 的光有较强的吸收峰。

叶绿素含量较高而叶绿素 a/b 值较低的植物，对强光的利用效率不高，但能有效利用弱光进行光合，因而较适应于遮阴环境；相反，叶绿素含量低而叶绿素 a/b 值较高的植物对强光的利用较多，因此在光照较好的环境中更有竞争力。

干旱会加重高光强对植物的伤害，因此处于干旱胁迫下的植物通常会减少叶绿素含量和降低绿素 a/b 值从而减少对强光的吸收（Javadi 等，2008）。Johnson 等（1993）测定了 19 种植物在遮阴和光照环境下的光合色素含量变化，结果表明遮阴环境中叶绿素 a/b 值显著降低，以更多捕获弱光。光合色素中的类胡萝卜素参与保护光合器官免受光氧化伤害过程。类胡萝卜素可以使单线态氧失活，也可以使激发态叶绿素猝灭，进而间接降低单线态氧的生成（Siefermannharms，1987）。另外，类胡萝卜素中的玉米黄质可通过非辐射能量耗散消耗过多能量（Demmigadams 等，1992；Gilmore，1997；Horton 等，1996；Niyogi 等，1998；Pandey 等，2005）。

1.5　刺槐天然分布区环境及分布现状

1.5.1　刺槐的天然分布区

刺槐天然分布区在美国东南部，由东西两个主要斑块以及散布在两斑块周围的小面积不连续斑块组成。东部的斑块以阿巴拉契亚山脉为中心，由宾夕法尼亚州中部、俄亥俄州南部延伸到亚拉巴马州东北部、佐治亚州北部和南卡罗来纳州西北部。西部斑块包括欧扎克高原密苏里州南部、阿肯色州北部、俄克拉荷马州东北部，以及阿肯色州中部和俄克拉荷马州东南部的沃希托河山区。小斑块分散在印第安纳州南部、伊利诺伊州、肯塔基州、亚拉巴马州和佐治亚州。

1.5.2　刺槐的天然分布区气候条件

刺槐的天然分布区植被分为寒温带湿润森林带、暖温带山地湿润森林带、暖温带山地潮湿森林带、暖温带湿润森林带（Sawyer 等，1964；Thornwaite，1931），气候湿润。

刺槐天然分布区年降水量为 1020～1830mm。1 月平均温度为 −4～7℃，最高温度为 2～13℃，最低温度为 −7～2℃；8 月平均温度为 18～27℃，最高温度为 27～32℃，最低温度为 13～21℃。无霜期平均长度为 150～210d。目前刺槐已被成功引入到许多地区，但这些地区的气候条件与其天然分布区的气候条件相差较大。

1.5.3 刺槐天然分布区的地形和土壤

刺槐天然分布区最常见的土壤类型为弱发育湿润老成土、强发育湿润老成土、不饱和淡色始成土和饱和淡色始成土。刺槐在潮湿、肥沃的土壤或石灰岩发育的土壤中生长最好。因此在美国东部山脉海拔低于 1000m 左右的湿润斜坡生长良好（Harlow 等，1979；Hepting，1971）。

刺槐对排水不良或紧实土壤非常敏感，在美国中部矿质弃土堆生长良好，但是在侵蚀严重、紧实、黏度较高的南阿巴拉契亚地区的土壤中生长较差（Hepting，1971），过于干燥的地区刺槐生长也较差。粉壤土、砂壤土和轻壤质土比黏土、粉黏壤土和重壤质土更适于刺槐的生长。在美国中部，刺槐的生长状况与下层土壤可塑性、紧实度和土壤结构密切相关，这些指标对土壤的透气性和排水能力都有一定影响。排水能力过强或不足都会对刺槐生长产生影响。

土壤矿质营养含量与刺槐生长的关系不大，然而在许多被严重侵蚀的土壤上种植刺槐时，其生长状况往往不佳。在一些地区由于土壤肥力低，在农田上种植的刺槐生长速率较慢，且蝗害频发，松属树种入侵。

1.5.4 刺槐的生活史

（1）繁殖方式。由于刺槐已被广泛种植，种子处理和育苗技术相对成熟，如果放置在 0～5℃ 的密闭容器中，干种子储存长达 10 年仍可发育。由于种皮具有不透水性，因此必须利用划痕诱导发芽。在浓硫酸、沸水或接近沸腾的水中浸泡或机械损伤均可诱导种子发芽（Olson 等，1974）。刺槐繁殖最有效的方法是无性繁殖，包括根段撒播、扦插以及组织培养。在自然林地中，刺槐常靠根蘖

或桩蘖得以更新（徐秀琴等，2006）。根蘖是刺槐最流行的繁殖方式，根蘖后 4～5 年刺槐根部发出不定芽伸出地面形成小植株。

（2）幼苗发育。刺槐幼苗对于竞争非常敏感，且对遮阴的耐受能力较差。在开阔地，杂草的生长对刺槐幼苗的生长十分不利。而只有在扰动形成林窗的地方，刺槐才能借助幼苗的快速生长获得竞争优势从而成功繁殖。来自茂密植被的竞争可使刺槐的成活率大大降低（31％～83％）。如果立地条件较好并且来自其他物种的竞争较少，刺槐幼苗生长较快。栽植地土壤质量对刺槐幼苗生长有重要的影响，在严重侵蚀土地上种植的 5 年生和 10 年生刺槐的年均生长高度，低于在侵蚀较少或无侵蚀土地上种植刺槐的 50％（Allen，1983）。

（3）生物量。刺槐树高一般为 12～18m，胸径为 30～76cm。在立地条件较好的情况下高度可达到 30m，胸径可达 122cm 或更多。生长于空旷地的刺槐主干较短，在 3～5m 处开始分枝，但在立地条件较好的情况下，主干较直且无分叉（Harlow 等，1979；Harrar 等，1962）。在立地条件较好时，幼树生长速率较快，但此树种成熟较早，在 30 年之后生长速率迅速降低。

（4）开花结实。刺槐 5—7 月开始开花，花通过昆虫（主要是蜜蜂）传粉；果实扁平，为椭圆形荚果；在 9—10 月花成熟，9 月至次年 4 月树上果皮开裂，种子掉落（Olson 等，1974）。

（5）种子生产。刺槐种植 6 年左右开始产生种子，每隔 1～2 年会有一个种子生产的大年。15～40 年生刺槐种子生产最好。

（6）根系特征。刺槐属于浅根系植物，根系在浅层土壤呈辐射状分布，同时也可长出深根，此种根系有利于土壤的固定（Cutler，1978）。有效根分布较浅，在黄土高原地区有效根集中在 0～60cm 土层（王进鑫等，2004；曹扬等，2006；刘秀萍等，2007）。

1.5.5 我国刺槐的分布现状

目前，刺槐已在全世界范围内广泛种植，分布于整个美国、加拿大南部以及欧洲和亚洲的部分地区。20 世纪初期刺槐从欧洲引入我国青岛，之后种植面积不断扩大。20世纪40—60年代，我国又相继从日本和朝鲜引种多批刺槐。目前，刺槐已遍布我国多地，是我国栽植范围最广的落叶阔叶树种。在我国，刺槐的种植范围以黄河中下游和淮河流域为中心，在北纬23°～46°、东经86°～124°的27个省（自治区、直辖市）均有栽培，其垂直分布最高可达海拔2100m。据估测，我国刺槐的种植面积约为10万km²，已演化为我国的一个乡土树种。

1.6 研究背景、内容和技术路线

1.6.1 研究背景与研究意义

我国干旱半干旱地区占国土面积的50％，黄土高原地区属于典型的半干旱气候，水土流失引起的生态系统退化较为严重（Fang等，2001）。20世纪50年代以来，我国政府投入大量人力物力保持水土，恢复当地生态系统（傅伯杰等，2002）。1998年启动的退耕还林还草工程，有效地降低了该地区的土壤流失，对当地的土壤性质也有一定影响。在干旱半干旱地区，造林已经成为生态系统恢复和重建的重要途径。然而，最近几年干旱半干旱地区造林的适宜性却受到广泛质疑。一些学者指出，在我国干旱半干旱地区造林活动中，所使用的树种多为外来速生树种，水分需求量较大，水分利用效率不高。而黄土高原半干旱气候条件下的顶级群落多为草地或荒漠植被，降水量不足以维持树木的生长，造成树木生长状况不佳（苏杨，2004），造林并没达到预期效果（Jiang等，2006）。土壤水是经过长时间积累后与当地气候条件逐渐达到平衡的。在干旱地区，这部分水分在降水量不足的时候可以维持新栽树苗的生长，这是在干旱地区造林初期树苗能够成活的原因。但是，随着林木的进一步生长，这部分储存的水分会被逐渐消耗掉，用以补充降水量的不足。随着树木需水量的逐渐增大，土壤水分补给和消耗难以达到稳定的平衡状态，土壤水分出现亏缺难以维持树木的生长（Cao

等，2008；苏杨，2004）。在一些造林地区出现了土壤干层，而对林下植被生长带来了潜在的负面影响（Cao等，2010；Shangguan，2007）。

植被是在气候的影响下逐步形成的。目前，干旱半干旱地区造林的范围较大，造林区气候、土壤、地形条件差异性较大。在黄土高原地区，空气湿度低，大气蒸发力大，而且该地区较为开阔，有强烈的空气对流，造成植物蒸腾加剧，水分亏缺更加严重。由于干旱胁迫对植物存活率的影响需要经过一段时间才能体现出来，虽然短期（几年）造林情况较好，但经过长时间的生长，水分的限制就会逐渐表现出来。在我国或者其他一些地区，小区域、短时间造林评估低估了干旱半干旱地区造林的难度（Cao等，2008）。20世纪70年代在靖边开展的造林工程最初十分成功，然而20年以后，几乎所有沙棘和70%以上山杨枯死，总的存活率只有15%，植被盖度低于造林前水平，而土壤水分亏缺更加严重。随着造林活动的进一步深入，人工林地会延伸到更多降水量不足的地区。由于单点研究结果不能在区域推广，因此树种适应性研究往往存在措施在先、研究在后的问题，科学研究对实践的指导作用不能很好地体现。因此，为真实地反映造林树种的适应性，大范围长时间序列的调查十分有必要，这对以后的植被重建和恢复工作具有重要的指导意义。

黄土高原是世界上典型的半干旱区，该地区生态系统的脆弱性，生态系统退化，造林中存在的林地与水之间的矛盾，以及造林树种适应性较差的现状是世界干旱半干旱地区普遍存在的问题。本书以陕北黄土高原为研究区域，紧紧围绕半干旱地区造林的适应性问题，从土壤水分的可持续性和树种适应性角度揭示半干旱地区树种适应性随干旱胁迫的变化，深入分析半干旱地区造林可持续性，以期为该区域植被恢复和退耕还林后的管理提供科学依据。

1.6.2 研究目标与研究内容

本书的主要研究目标是：以黄土高原分布较为广泛的刺槐人工

林为研究对象，分析人工林土壤水分效应以及干旱适应性指标特征和适应现状。

具体研究内容如下：

（1）陕北地区刺槐人工林土壤水分空间分布特征以及造林后土壤水分变化趋势。

（2）区域尺度刺槐人工林群落多样性、种群特征以及刺槐个体生长变异。

（3）刺槐叶属性特征及其反映的资源利用策略和适应性信息。

（4）沿水分梯度，与干旱适应性关系密切的叶片生理生态指标（水分特征、抗氧化酶、光合色素）的变化及其对树种适应性的影响。

1.6.3 研究方法与技术路线

（1）资料的收集。收集研究区域气候数据和其他生态环境相关资料，包括土地利用图、退耕还林资料等，同时收集社会经济资料。

（2）植被调查。在区域上，根据造林树种的实际分布，选择具有代表性的各种恢复年限的人工林进行植被调查，在样地选择的同时保证所选样地在研究区域内均匀分布。

（3）野外环境因子调查和土壤、植物样品采样及分析。在植被调查的同时，调查景观因子和环境因子，测定样地土壤水分和容重，同时采集土壤和植物样品带回实验室作进一步的分析。

（4）土壤、植物样品实验室分析。对带回的土壤样品，分析土壤 pH 值，电导率，有机碳、氮、磷和钾等；对植物样品测定面积、含水量、持水力、养分含量及生理生态指标。

（5）野外数据和实验室数据分析。应用相关、线性和多元非线性回归、标准主轴法以及方差分析等多种统计手段对获得数据进行分析。

具体技术路线如图 1.1 所示。

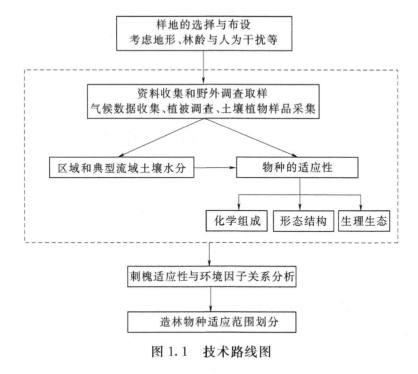

图 1.1 技术路线图

1.7 本书的创新点

（1）通过区域土壤水分调查以及造林后土壤水分变化趋势研究，分析了陕北地区刺槐人工林土壤水分空间分布特点，揭示了造林后土壤水分随林龄变化的地区差异，进一步利用非线性模型模拟研究区土壤水分随纬度和林龄变化趋势，得到较好的拟合效果。此结果对大范围人工植被恢复工作有重要的指导意义。

（2）在区域尺度，引入叶属性以及抗旱生理指标研究刺槐适应性，与营养元素相关的叶属性分析阐述了刺槐干旱胁迫下的养分利用策略，而抗旱生理指标的研究揭示了刺槐干旱胁迫适应机理。

第 2 章　研究区概况及样品采集

2.1　陕北地区自然环境特点

陕西有秦岭（南山）和乔山（北山）横贯东西把境内分成陕北黄土高原、关中盆地和陕南秦岭巴山三大自然区。陕北地区位于北山以北，地势西北高、东南低，海拔 $800\sim1300m$，总面积为 $9\times10^6hm^2$，其北部为风沙区，南部是丘陵沟壑区。陕北地区行政区划包括榆林市和延安市，是我国黄土高原的中心。

2.1.1　地形地貌

陕北地区最具特色的是黄土地貌，并以黄土塬、梁、峁为基本地貌类型。黄土塬是指冲刷而形成的高地，顶部平坦宽阔，周边为沟谷切割。黄土塬是陕北地区主要的农耕地所在，由于受到沟谷侵蚀的影响，塬面面积在不断缩小。黄土塬被沟壑进一步切割形成残塬、破碎塬。黄土梁是长条形的黄土高地，主要是因为黄土覆盖在梁状古地貌上，又受到流水作用侵蚀而形成的。黄土峁是一种孤立的丘陵，顶部浑圆，面积不大，周围均为凸斜坡，数峁相连时称峁梁，主要是由黄土梁经水流侵蚀切割而形成。从区域组成特征看，由南向北呈现塬→残塬→梁→峁→风沙区的变化过程。在榆林地区的定边、靖边、横山、神木等县（市、区）的北部，长城沿线一带是风沙滩地。延安以北是以峁为主的峁梁沟壑丘陵区，以绥德、米脂一带最为典型。延安、延长、延川是以梁为主的梁峁沟壑丘陵区；西部为较大河流的分水岭，多梁状丘陵。延安以南是以塬为主的塬梁沟壑区。宜川、彬县、长武一带，为破碎塬。洛川塬是保存较完整、面积较大的黄土塬。

2.1.2　气候

陕北地区的气候既受经纬度的影响，又受到地形的制约，具有典型的大陆季风性气候特征。由于受季风的影响，冬冷夏热、四季分明。春、秋温度升降快，夏季南北温差小，冬季南北温差大。气温日较差大。年均气温为 7～12℃；1 月平均气温为 −10～−4℃；7 月平均气温为 21～25℃。陕北地区降水量的季节变化明显，夏秋季多雨，而冬春季少雨。暴雨始于 4 月，于 11 月结束，主要集中在 7—8 月。年降水量的分布是南多北少，由南向北递减，受山地地形影响比较显著，年均降水量为 400～600mm。陕北地区的潜在蒸发量普遍高于实际降水量，南低北高。由于降水量少，蒸发强烈，因此干旱频发，有"十年九旱"之说。暴雨、冰雹也是该地区的主要自然灾害。

2.1.3　土壤

陕北地区分布最广泛的土壤类型为黄绵土，在研究区的南部和北部边缘零星分布有砂质土和紫色土。这 3 种类型土壤均发育自黄土母质，渗透性较高。

2.1.4　植被

陕北地区具有森林、草原和荒漠 3 个植被区。由东南向西北分布着森林草原地带和典型草原地带两个植被带。

森林草原带是处于森林带和典型草原带之间的过渡地带。在这个植被带，草原植被占据较大优势，其分布面积较广。代表性植被有白羊草草原、长芒草-白羊草-兴安胡枝子草原、菱蒿长芒草草原、长芒草-兴安胡枝子-杂草类草原等。灌木多为中旱生或者旱中生成分，多分布于中低山，如虎榛子、绣线菊、黄刺玫、沙棘、狼牙刺、扁核木、杠柳、枸杞等。而森林植被主要分布在地势稍高的山地或者沟谷中，主要为油松、辽东栎、白桦、山杨纯林或混交林。

典型草原带位于森林草原带的西北部，分界线为绥德—子长—志丹。植被的主要特点是草原植被占优势，其中以长芒草草原分布最广，其次为茭蒿场芒草草原。在地势较高的丘陵顶部，以小灌木百里香、冷蒿、无茎委陵菜等与针茅组成的草原类型为主。灌木以柠条锦鸡儿、小叶锦鸡儿以及油蒿半灌木群落为主。

陕北地区长期的砍伐和过度放牧导致严重的生态系统退化和荒漠化，原生植被已为数不多。1994 年以来，政府开展了大量的恢复工程，使该地区的植被得到了一定的恢复。恢复中所使用的主要树种有刺槐、油松、柠条锦鸡儿、紫花苜蓿等。

2.2 社会经济及退耕还林现状

陕北地区土壤贫瘠，是环境退化研究的"热点"之一。1998年以后，退耕还林、退牧还草战略的实施，使得该地区生态环境得到改善。煤炭、石油、天然气等化石能源的开采，以及盐业、稀土等重要资源的发掘，使得地区经济迅速崛起。

2.3 野 外 样 地 设 置

刺槐是陕北地区人工造林中使用的最重要的一个固氮速生树种，其抗旱性强、成活率高、生长速度快，并能改良土壤（Boring 等，1984）。在陕北黄土高原沿水分梯度选择样地，研究区南北长300km、东西宽 190km，范围为北纬 35.16°～37.86°、东经108.11°～110.22°，海拔范围为 916～1586m。在研究区南部，刺槐生长良好 [图 2.1 (a)]，但在研究区的北部经常会有"小老头树"和死树出现 [图 2.1 (c)]。样地年均气温为 7.1～10.4℃，年均降水量为 352～618mm，年水面蒸发量为 1157～1890mm。研究区南部植被类型为温带森林草原而北部为温带草原（吴征镒，1980），由于人类干扰强烈，原生植被很少。刺槐人工林的林龄范围为 5～

45 年（通过询问当地人确定）。由于退耕还林主要在陡坡地区的中、上坡，下坡尚可作为耕地，所以取样时集中于中、上坡位。

（a）赵家塬　　　　　　（b）燕儿沟　　　　　　（c）高西沟

图 2.1　陕北地区典型样地刺槐生长状态

2.4　样　品　采　集

2.4.1　样地信息及植被调查

在样地中利用 Garmin GPS60（Garmin International Inc.，Olathe，KS，USA）记录每个样地的经纬度和海拔，用罗盘测定坡度和坡向。坡向被分为 4 类（Qiu 等．，2001）：1（135°～225°）、2（225°～315°）、3（45°～135°）和 4（315°～360°和 0°～45°）。在每个样地中心设置一个 10m×10m 的大样方。在样方一条对角线的两角和中心设置 3 个 2m×2m 的小样方。在大样方中记录林地密度、郁闭度和平均胸径；在小样方中调查林下植被多样性，记录林下植被总盖度、物种名称、物种高度、物种盖度、物种多度及物候信息。

2.4.2　土壤样品采集及测定

在植被调查 2m×2m 小样方的中心采集土壤样品，用于土壤水分和理化性质测定。在 0～100cm 土层内以 10cm 为间隔采集土壤样品，置于土壤水分测定专用铝盒中，带回实验室用烘干法测定土壤水分；于 0～10cm、10～20cm 和 50～60cm 土层深度采集土壤样品，将样品装于密封塑料袋中带回实验室，用于理化性质测定；在 0～20cm 土层深度采集容重样品，每个样地 3 个重复，烘干法测定土壤容重。

土壤有机碳利用浓硫酸消煮、高锰酸钾滴定的方法测定；土壤凯氏氮用凯氏定氮仪测定；土壤全磷和全钾利用电感耦合等离子发射光谱仪测定；2.5∶1 水土比悬液 pH 值和电导率用酸度计和电导率仪测定。

2.4.3　植物样品采集

在 10m×10m 大样方内按胸径随机选择 5 棵树木（胸径落在 25%～75%）。在刺槐的外部冠层，采集完全展开且完整的阳生叶片，分成 3 份。一份放在盛有蒸馏水的封口袋中，并将封口袋置于便携式冰箱中浸泡 6～8h，用于叶面积和饱和含水量测定，以及叶片持水力的分析；第二份置于干燥信封中，用于测定叶片元素含量；第三份用锡箔纸包裹后迅速投入便携式液氮罐中，用于生理指标的测定。

2.5　样地气候及土壤概况

2.5.1　气象资料

本书所用气象数据来自 74 个在黄土高原均匀分布的气象站点的 27 年（1982—2008）温度和降水记录。首先，利用经纬度和海拔构建多年平均气温和年均降水量的三元二次回归模型，图 2.2 为回归模型的精度。然后，利用构建的模型计算 31 块样地的年均降水量和多年平均气温。在 31 块样地中，年均降水量和多年平均气温显著相关（$r=0.77$，$p<0.0001$，$N=31$），图 2.3 为样地年均降水量和多年平均气温随纬度的变化趋势。

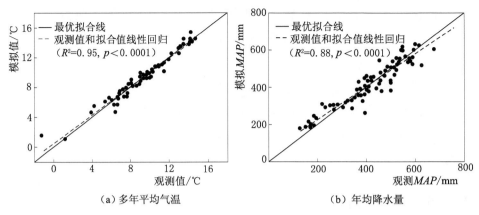

（a）多年平均气温　　　　　　（b）年均降水量

图 2.2　多年平均气温和年均降水量的二次模型精度

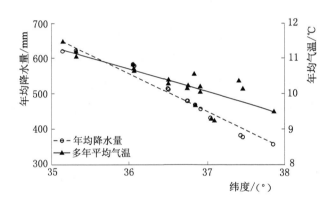

图 2.3　样地年均降水量和多年平均气温随纬度变化趋势

2.5.2　样地土壤状况

为反映样地的土壤状况，将采集的土壤样品带回实验室进行了土壤理化指标的测定，测定指标包括 pH 值、电导率、容重、有机碳、凯氏氮、全磷和全钾，结果如图 2.4 所示。

如图 2.4 和表 2.1 所示，由南向北随着降水量的不断减少：土壤 pH 值逐渐升高，而电导率降低；土壤养分含量逐渐降低，其中有机碳含量降低趋势最为明显；凯氏氮和全磷含量也有所降低，但全钾含量未呈现明显降低趋势。

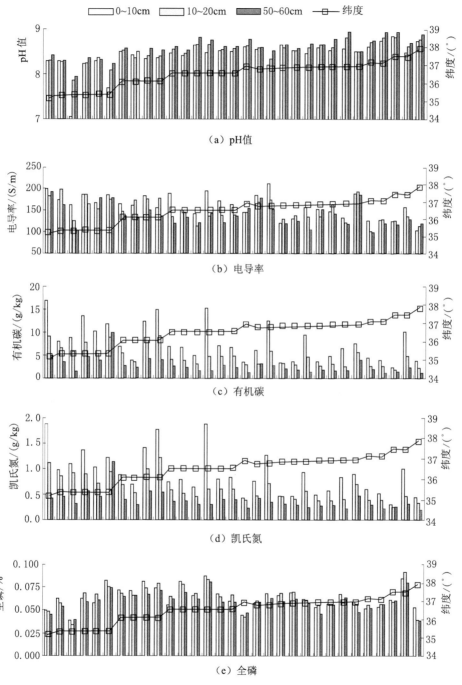

图 2.4（一） 样地土壤理化指标随纬度变化趋势

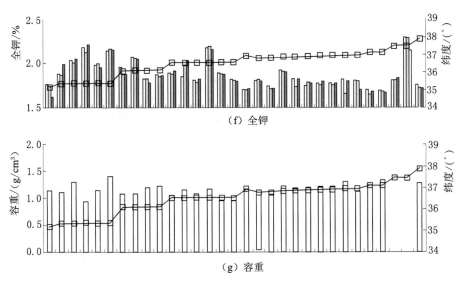

图 2.4（二）　样地土壤理化指标随纬度变化趋势

表 2.1　　土壤理化性质与纬度和年均降水量的相关系数

项目	土层深度 /cm	pH 值	电导率	有机碳	凯氏氮	全磷	全钾
纬度	0～10	0.678*	−0.577*	−0.611*	−0.584*	−0.382**	−0.022
	10～20	0.832*	−0.569*	−0.806*	−0.757*	−0.383**	−0.046
	50～60	0.828*	−0.490*	−0.627*	−0.623*	−0.420**	−0.039
年均 降水量	0～10	−0.639*	0.584*	0.612*	0.567*	0.371**	0.111
	10～20	−0.809*	0.582*	0.816*	0.755*	0.381**	0.120
	50～60	−0.795*	0.445**	0.615*	0.596*	0.426**	0.109

注　　* 指 $p < 0.05$，* * 指 $p < 0.01$；$N = 31$。

如图 2.5 所示，由南部的黄陵到北部的米脂，土壤中粗砂粒、细砂粒的含量逐渐增多，而黏粒、细粉粒和中粉粒的含量逐渐减少，土壤质地变粗。土壤质地变化也影响到土壤理化性质，由于质地变化，北部土壤持水力与南部地区相比显著降低。因此，在陕北地区由南向北，不但降水量减少，土壤质地变化也会导致植物干旱情况加剧。

在干旱半干旱地区，土壤干旱是限制植物生长的主要因子，而

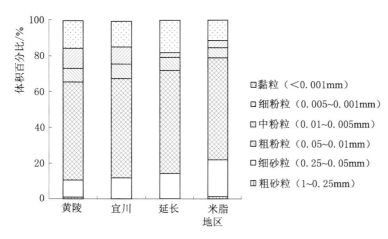

图 2.5　陕北地区土壤质地变化

在我国的黄土高原地区，土壤和地形特点使其干旱胁迫进一步加剧。此外，氮是陆地生态系统最主要的限制性营养元素，研究区 0～10cm 土层深度凯氏氮含量平均值为 0.903g/kg（50～60cm 土层深度凯氏氮含量平均值只有 0.383g/kg），因此该地区植物同样受到氮元素的限制。由南向北，植物所受干旱胁迫和氮胁迫逐渐加剧。

　　不同理化指标沿土壤剖面表现出不同趋势。由表 2.2 可知，全磷和全钾随土层深度变化不大；pH 值自上而下呈增加趋势，而电导率随土壤剖面变深逐渐降低，在土层深度 0～10cm 与 10～20cm 以及 10～20cm 与 50～60cm 的 pH 值、电导率之间无显著差异，说明 pH 值、电导率指标虽随土层深度而变，但变化较为缓慢；有机碳和凯氏氮含量沿土壤剖面变化较为剧烈，随着土层加深，有机碳和凯氏氮含量显著降低。

表 2.2　　不同深度土壤理化性质差异显著性分析

项目	土层深度 /cm	pH 值	电导率 /(S/m)	凯氏氮 /(g/kg)	有机碳 /(g/kg)	全钾 /%	全磷 /%
均值 （标准差）	0～10	8.41a (0.33)	160a (26)	0.903a (0.42)	7.81a (4.05)	1.88a (0.16)	0.064a (0.012)
	10～20	8.50ab (0.21)	148ab (25)	0.609b (0.245)	4.70b (2.12)	1.86a (0.16)	0.063a (0.013)

续表

项目	土层深度 /cm	pH 值	电导率 /(S/m)	凯氏氮 /(g/kg)	有机碳 /(g/kg)	全钾 /%	全磷 /%
均值 （标准差）	50~60	8.60b (0.22)	140b (25)	0.383c (0.176)	2.76c (1.70)	1.87a (0.16)	0.059a (0.010)
最小值	0~10	7.05	104	0.302	2.29	1.69	0.038
	10~20	7.86	101	0.250	1.83	1.65	0.031
	50~60	7.94	99	0.197	1.17	1.62	0.039
最大值	0~10	8.83	212	1.877	16.88	2.30	0.088
	10~20	8.80	197	1.223	9.17	2.28	0.091
	50~60	8.94	193	1.140	9.96	2.21	0.081

注　同一列中具有不同小写字母均值在 0.05 水平上有显著差异；$N=31$。

第3章 陕北地区刺槐种群及林下植被状况

本章拟通过刺槐人工林林下植被群落多样性、刺槐种群特征和刺槐径向生长情况等方面，反映研究区刺槐人工林种群及林下植被状况。

3.1 研 究 方 法

3.1.1 野外试验方法

植被调查方法参考第 2 章相关内容。

树芯材料来自赵家塬、志丹和高西沟 3 个流域，3 个流域年均降水量分别为 617mm、465mm 和 352mm。每个样地选取胸径在 25%～75% 之间的树木 5 株，使用年轮钻于树干 1.3m 高处钻采样芯。

3.1.2 刺槐径向生长测定

样芯预处理参考 Stokes 等（1968）进行。野外取得样芯用吸水纸包好带回实验室，自然风干后用白乳胶固定在样品槽上，并在样品槽上标注样品编号。为避免白乳胶干燥过程中样芯变形，用棉线将样芯固定，12h 后取下棉绳。用由粗到细的不同粒度的砂纸（80 目、150 目、360 目、600 目）对样芯进行打磨。利用专用年轮分析软件 WinDendro 测定打磨后的样芯宽度。

3.1.3 数据处理方法

利用相关分析研究刺槐种群特征随降水量变化趋势，以及刺槐径向生长在不同降水量条件下随林龄的变化趋势。为分析验证自稀疏理论在决定陕北地区林地密度中的作用，对刺槐胸径和密度之间的关系进行指数方程回归。

林下植被多样性指数利用重要值作为数量指标，选用目前国内外常用植物群落多样性指标，选取的指标有重要值、物种丰富度、香农多样性指数、PieLou 均匀度指数、辛普森优势度指数（傅伯杰等，2005）。

采用 Excel 2007 和 SPSS 软件进行数据处理和统计分析，采用单因素方差分析和最小显著差异法比较不同数据组间的差异，用 Pearson 相关系数及回归分析评价不同因子间的相关关系。林下植被多样性指数采用 Biotools 插件运算。

3.2　结　果　与　分　析

3.2.1　林下植被群落特征

表 3.1 列出了样地刺槐人工林林下植被优势物种，同时为反映刺槐林地林下植被多样性，计算了植被多样性指标，这些指标包括物种丰富度、香农多样性指数、Pielou 均匀度指数、辛普森优势度指数等（图 3.1）。

表 3.1　　　　　　　刺槐人工林林下植被优势物种

样地所在地	林龄/a	优势物种	丰富度	香农多样性指数	Pielou均匀度指数	辛普森优势度指数
柳湾	7	茭蒿（0.20）、硬质早熟禾（0.18）、多花胡枝子（0.09）	12.3	2.22	0.885	0.139
赵家塬	5	狗尾草（0.16）、飞蓬（0.12）、侧柏（0.09）	11.0	2.09	0.881	0.159
赵家塬	5	杜梨（0.26）、山莴苣（0.12）、黄花亚麻（0.11）	9.3	1.92	0.877	0.187
赵家塬	10	狗尾草（0.11）、大油芒（0.10）、阿尔泰狗娃花（0.09）	11.7	2.19	0.896	0.138

续表

样地所在地	林龄/a	优势物种	丰富度	香农多样性指数	Pielou均匀度指数	辛普森优势度指数
赵家源	20	狗尾草（0.26）、乌头叶白蔹（0.21）、啤酒花（0.13）	8.0	1.79	0.909	0.198
赵家源	30	乌头叶白蔹（0.37）、枸杞（0.20）、隐子草属（0.07）	9.7	1.82	0.810	0.228
任家台	5	芦苇（0.24）、毛莓悬钩子（0.14）、毛冻绿（0.10）	12.3	2.28	0.911	0.127
任家台	8	白羊草（0.09）、毛隐子草（0.08）、细叶益母草（0.08）	14.0	2.41	0.919	0.107
任家台	20	京芒草（0.32）、臭椿（0.20）、缘毛鹅观草（0.10）	6.0	1.56	0.884	0.253
任家台	25	缘毛鹅观草（0.24）、河朔荛花（0.08）、紫穗槐（0.07）	15.0	2.46	0.914	0.113
燕儿沟	5	小花鬼针草（0.18）、狗尾草（0.11）、麻花叶风毛菊（0.09）	17.0	2.57	0.910	0.098
燕儿沟	10	铁杆蒿（0.27）、紫穗槐（0.13）、茜草（0.05）	16.7	2.41	0.862	0.135
燕儿沟	10	阿尔泰狗娃花（0.19）、茜草（0.18）、狗尾草（0.13）	6.3	1.79	0.980	0.176
燕儿沟	20	赖草（0.22）、长芒草（0.19）、芦苇（0.12）	9.3	1.88	0.845	0.205
燕儿沟	30	粗齿铁线莲（0.12）、芨芨草属（0.12）、小花鬼针草（0.06）	15.7	2.45	0.892	0.125
燕儿沟	30	铁杆蒿（0.19）、猪毛菜（0.11）、狗尾草（0.08）	19.3	2.67	0.906	0.090
纸坊沟	9	鸦葱（0.41）、叉枝鸦葱（0.14）、苦苣菜（0.09）	7.3	1.7	0.863	0.241
纸坊沟	13	赖草（0.30）、白羊草（0.19）、毛隐子草（0.14）	7.7	1.83	0.900	0.192
纸坊沟	30	山莴苣（0.33）、狼牙刺（0.07）、灰菜（0.06）	15.3	2.33	0.856	0.149

续表

样地所在地	林龄/a	优势物种	丰富度	香农多样性指数	Pielou均匀度指数	辛普森优势度指数
延川	8	鸦葱（0.34）、大果琉璃草（0.14）、山莴苣（0.13）	6.7	1.65	0.872	0.238
志丹	10	京芒草（0.27）、鸦葱（0.25）、白羊草（0.14）	9.0	1.86	0.848	0.189
志丹	30	京芒草（0.20）、萝藦（0.08）、南牡蒿（0.08）	16.0	2.47	0.892	0.115
大南沟	10	铁杆蒿（0.13）、臭椿（0.07）、杠柳（0.07）	20.7	2.88	0.951	0.067
大南沟	15	长芒草（0.23）、杠柳（0.09）、刺槐（0.08）	14.0	2.30	0.874	0.131
大南沟	27	荩草（0.11）、长芒草（0.10）、茜草（0.10）	14.7	2.45	0.918	0.104
大南沟	5	赖草（0.21）、阿尔泰狗娃花（0.17）、大丁草（0.09）	13.3	2.30	0.894	0.125
吴起	8	赖草（0.19）、狼牙刺（0.12）、鸦葱（0.09）	13.0	2.33	0.911	0.116
吴起	35	鸦葱（0.34）、灰菜（0.08）、赖草（0.08）	12.0	2.12	0.862	0.171
绥德	5	鸦葱（0.36）、山藜豆（0.31）、灌木铁线莲（0.09）	4.7	1.35	0.88	0.307
绥德	30	毛隐子草（0.36）、南牡蒿（0.33）、狼牙刺（0.07）	7.0	1.58	0.815	0.263
米脂	45	葵蒿（0.33）、黄蒿（0.13）、河朔荛花（0.12）	5.7	1.47	0.85	0.291

注 表中相同样地由于具体采样地点和坡向的不同，而出现不同的林木植被优势物种。

由表3.1可知，北部吴起、绥德等地区优势种以赖草和鸦葱等为主；南部的赵家塬和任家台等地区，以狗尾草为主要优势种的林下草本群落比较多见；中部地区兼具南北地区的物种特征。阿尔泰狗娃花在整个研究区都有分布，是不同流域的共有优势种。

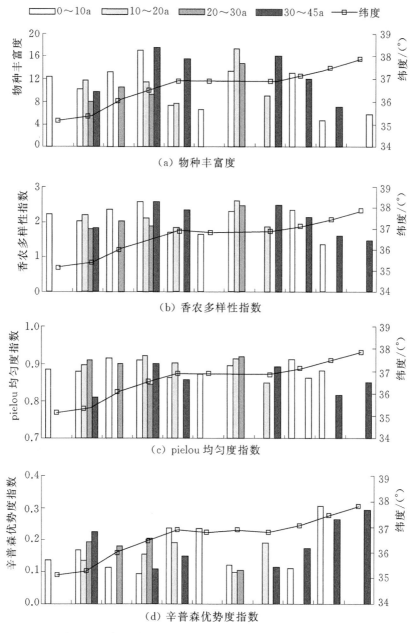

图 3.1　刺槐林下植被多样性指数随纬度变化趋势

从南北地区不同恢复年限林下植被组成来看：南部地区，如任家台和赵家塬，5 年左右林地的林下植被优势种以狗尾草、芦苇等为主；北部地区，如绥德、吴起等，5 年左右林地林下植被优势种以鸦葱和赖草为主；中部地区，如燕儿沟等地，5年左右林地林下植被优势种以狗尾草等为主，兼具南北部物种。南部10年左右人工林林下植被优势种以白羊草和狗尾草为主，北部地区逐渐转变成鸦葱和赖草；南部赵家塬地区30年刺槐林下植被茂密，形成了以木质藤本乌头叶白蔹为主的林下植被；中部的燕儿沟30年刺槐林下出现攀援灌木粗齿铁线莲；北部的吴起、米脂、绥德等地，演替后期灌木和木质藤本优势始终不明显，虽然在绥德30年刺槐林下有狼牙刺出现，但优势较小。这主要决定于不同地区气候条件，尤其是降水量的差异。

从物种丰富度上来看（图3.1），北部和南部地区物种丰富度较小，而中部的燕儿沟和大南沟等地由于兼具南北部物种，因此物种丰富度较高。特别是恢复30年以上的样地，此趋势更为明显。然而在中部恢复时间较短（0～20年）样地物种多样性较低，出现这种现象的原因可能是由于恢复初期物种多样性受之前土地利用类型的影响较大，退耕前土地利用类型主要为耕地，而耕地的土壤种子库受人为影响较大，因此物种的恢复需要较长过程。而经过30年的恢复，土壤种子库通过风传播、动物传播等方式得到有效补充，更能反映植物在此环境条件下真实的物种组成。另外，在流域尺度（如赵家塬、燕儿沟、大南沟），物种丰富度未随恢复年限表现出明显降低或者升高的趋势，但如前所述，物种构成却发生了较大变异。在所有样地中，物种丰富度最高的是位于大南沟恢复10年的林地，其次是燕儿沟恢复30年的林地。这与之前物种组成的分析相对应，因为中部地区集中了南部和北部物种，因而物种丰富度和多样性较高；而物种丰富度最低的是北部绥德恢复5年的样地。与物种丰富度相对应，物种多样性也出现中部高而两端较低的现象，同样中部恢复时间较短（0～20年）样地物种多样性较低。物种多样性较高样地的均匀性也较高。而从辛普森优势度指数来看，北部地样地物种优势度指数较高，说明在干旱的北部样地中往往存在着一个到几个物种在群落中占据重要地位的现象。如在优势度指数最高的绥德，恢复5年的林地中，前两个优势物种重要值占整个林下植被群落重要值的 67%。在北部较为干旱的环境中，对干旱和贫瘠适应能力较强的少数几个物种在林下植被中具有绝对优势。

3.2.2 刺槐种群特征

随着由南至北降水量的降低，刺槐林郁闭度和林地密度显著降低［图 3.2（a）、（b）］。虽然树木高度与降水量之间相关性在 0.05 水平上不显著，但 p 值达到 0.069，也可说明随降水量的降低刺槐树高有些许降低趋势［图 3.2（c）］。胸径和降水量之间相关关系最弱［图 3.2（d）］。

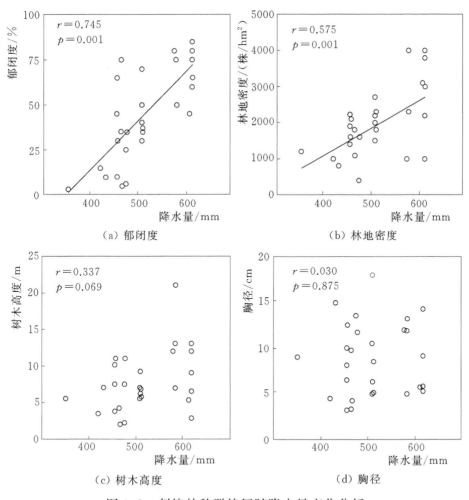

图 3.2 刺槐林种群特征随降水量变化分析

干旱胁迫、养分胁迫以及自稀疏都可能引起造林后人工林密度的降低。种群密度过大时，物种内部对于生长空间和资源的竞争会造成部分个体的死亡。以往研究证明，在自稀疏起主要作用的林地密度变化过程中，林地密度与物种大小之间存在较为稳定的对数关系。随着种群个体大小的不断增加，种群密度降低，二者之间的变化可用对数方程来表示：

$$\lg w = \lg k + a \lg N \qquad (3.1)$$

式中：w 为种群个体大小；k、a 为常数，a 理想值一般为 -1.5，范围为 $-1.3 \sim -1.8$；N 为林地密度。

选择 3 个典型小流域进行自稀疏验证，分别为：赵家塬，年均降水量 617mm；燕儿沟，年均降水量 509mm；高西沟，年均降水量 352mm。本书研究中个体大小用胸径来表示。

根据对数方程回归的结果（图 3.3），赵家塬回归的 a 值为 -1.2，接近自稀疏理论 a 值的范围。赵家塬不同林龄刺槐郁闭度均保持在 80% 左右，而林地密度随林龄增加而不断降低。这也印证了自稀疏理论中关于个体之间资源与空间竞争导致林地密度不断降低的论述。在赵家塬，刺槐个体之间竞争引发的自稀疏是导致林地密度变化的主要因子。赵家塬恢复 30 年的刺槐林地密度大约为 1000 株/hm² 。在燕儿沟和高西沟流域，林地密度和郁闭度

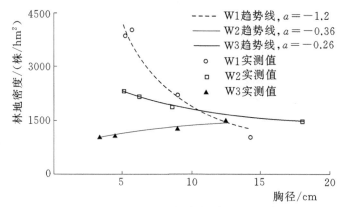

图 3.3　林地密度与胸径之间自稀疏对数回归

W1—赵家塬；W2—燕儿沟；W3—高西沟

均较小。燕儿沟和高西沟林地密度和郁闭度分别维持在 2000 株/hm² 和 1300 株/hm²，40％和 30％［图 3.4（a）］。个体大小和林地密度之间不符合自稀疏关系，较低且稳定的盖度说明该地区水分承载力是决定刺槐密度的主要因子。在燕儿沟，林地密度和郁闭度随林龄呈现略微降低趋势，反映了该地区因林龄增加土壤水分不断消耗而造成的水分承载力降低的趋势。在高西沟，恢复 45年的人工林虽然林地密度仍可维持在 1200 株/hm²，但郁闭度只有 3％［图 3.4（b）］。

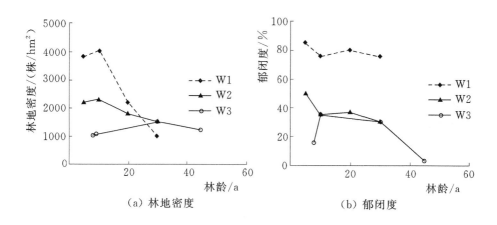

(a) 林地密度　　　　　　　(b) 郁闭度

图 3.4　林地密度和郁闭度随林龄变化趋势
W1—赵家塬；W2—燕儿沟；W3—高西沟

3.2.3　沿水分梯度刺槐个体径向生长分析

年均降水量分别为 617mm、465mm 和 352mm 的流域中，刺槐年径向生长量均值分别为 2.96mm/a、1.88mm/a 和 1.23mm/a，且具有显著差异（图 3.5）。

如图 3.6 所示，最初刺槐年径向生长量随林龄的增长呈现较快降低趋势，而随林龄增长降低速率变慢，最终趋于稳定。此处将图 3.6 分区作进一步分析（图 3.7）。在年均降水量分别为617mm、465mm 和 352mm 的情况下，年径向生长量从降低到稳定的分界点分别为 17 年、17 年和 9 年。在 3 个流域中，年径向生长量相对稳定期的径向生长量均值分别为 2.00mm/a、1.41mm/a 和 0.8mm/a。虽然在年均降水量分别为 617mm 和 465mm 的两个流域中前 17 年均是刺槐径向生长旺盛期，但在年均降水量为 465mm 的流域中年径向生长量绝对值降低。在年均降水量为 352mm 的流域，刺槐径向生长旺盛期长度缩短到 9 年，同时年径向生长量绝对值也受到了影响（图 3.7）。

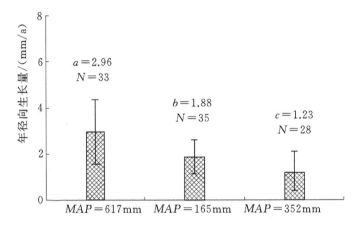

图 3.5　年径向生长量均值比较

注：MAP 为年均降水量，下同。

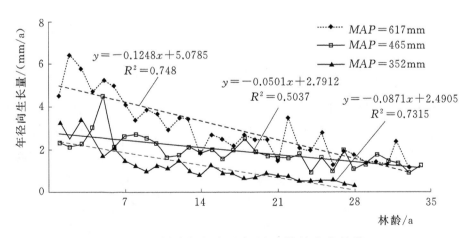

图 3.6　刺槐年径向生长量随林龄变化趋势

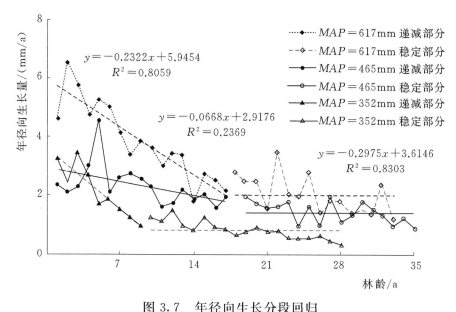

图 3.7　年径向生长分段回归

3.3　刺槐种群和群落特征随水分梯度变化

3.3.1　陕北地区不同降水量条件下造林措施优化

陕北黄土高原区地下水埋深大，降水是维持植物生长的唯一水分来源，土壤水分不足是林木正常生长发育的主要限制因子。造林密度过大造成土壤水分消耗、造林树种适应性较差的问题已经受到广泛关注（Cao 等，2010）。在有限降水条件下，如何确定造林合理密度，提高造林成活率，使人工林地能最大限度持续稳定地发挥多样性保护、水土保持、生物生产等各项功能，是干旱半干旱地区造林中亟待解决的重要问题。基于水分承载力分析造林合理密度是解决这一问题的关键。确定合理密度的标准有多种，如不产生土壤水分亏缺的合理密度、林分生物量最大合理密度、材积最大合理密度等（表 3.2）。根据以往研究，黄土高原地区刺槐造林合理密度为833～3000 株/hm²；通过实测数据获得的合理密度为 833～2000 株/

hm² (表 3.2)，而目前黄土高原造林密度一般为 5000 (1m×2m)～3333 (1.5m×2m) 株/hm²。

表 3.2　　　　　黄土高原刺槐人工林合理密度研究

降水量 /mm	合理密度 /(株/hm²)	基准林龄 /a	判定标准	研究方法	文献出处
576	1500～3000	45	无土壤干化	WinEPIC 模型	(李军等，2008a)
576	2000	11	最大森林生物量	实测数据与 logistic 模型	(孙中峰等，2006)
576	876	13	干旱胁迫较小	实测数据与水分平衡模型	(武思宏等，2008)
535	1500	45	无土壤干化	WinEPIC 模型	(李军等，2008a)
487	833	18	最大森林生物量	实测数据与幂函数模型	(王百田等，2005)
416	<833	11、18	最大森林生物量	实测数据与回归模型	(尹婧等，2008)

　　南部赵家塬为降水量较高地区，水分承载力较高，造林 5 年之后林地郁闭度达到 85%，且此后郁闭度一直维持在 80% 左右。而林地密度由于自稀疏作用不断降低，初始密度为 4000 株/hm² 左右，恢复 20 年和 45 年以后密度分别降低到 2200 株/hm² 和 1000 株/hm²。在此区域如需获得较大的成年植株可适当降低造林密度，而如需快速形成郁闭林地或需获得较小植株可保持较高造林密度。北部燕儿沟和高西沟地区，由于干旱胁迫严重，提高树木成活率是造林工作关注的重点，该地区可适当采取育苗措施，在保证苗木成活率的情况下适当降低造林密度。结合本书和以往研究结果，北部地区造林密度一般不应超过 2000 株/hm²。

　　除根据水分承载力合理安排造林密度外，还可以利用一些生物和工程措施提高水分承载力、增加树木生长量。如田间微集水

（Yang 等，2005）、生物可降解塑料的运用（Cao 等，2008）可增加水分截留或降低土壤水分蒸发，从而增加树木可利用水资源量，显著提高林木成活率和生长量。

3.3.2　刺槐径向生长与降水量的关系

自 Douglass（1914）探讨美国亚利桑那州松树树轮与气候关系以来，国内外众多学者开展了大量树木年轮气候学方面的研究。由于树木生长与降水量和温度之间存在较为密切的关系，在一定条件下，树木年轮宽度可以反映树木在外界环境影响下的生长情况。目前，树木年轮常用于重建历史气候（Biondi 等，1999；Blasing 等，1984；Wilson 等，2005）。而树木径向生长量的测定也可反映环境对植物生长的影响。

在干旱半干旱地区，降水对树轮径向生长的影响较大。通过本章分析可知，在陕北地区刺槐径向生长量对降水量较为敏感。由南向北，随着降水量的减少，刺槐径向生长绝对值呈现降低趋势，说明干旱胁迫已对刺槐的生长产生了显著影响，这与前人在黄土高原的研究结果相一致（李军等，2010）。Blasing 等（1984）发现北美西部白栎（*Quercus alba* L.）树轮生长对干旱胁迫敏感性较高，而 Zhang 等（2003）对青海都兰祁连圆柏（*Sabina prze-walskii* Kom.）年轮生长的研究结果表明，祁连圆柏径向生长主要受春季降水的影响。在黄土高原地区，干旱导致刺槐林生产力较低，已经成为该地区人工植被建设的重大隐患。根据李军等（2010）的模拟结果，随着降水量减少，刺槐逐年生产力逐渐降低，且林龄较大刺槐植株降低趋势更为明显。在降水量约为 453mm 的固原地区，41～45 年生刺槐年净生产力仅为 1～25 年生刺槐年净生产力的 1/3。除影响径向生长绝对值外，干旱胁迫还缩短了刺槐径向生长旺盛期。南部地区 18 年生刺槐林径向生长趋于稳定，而在北部地区 9 年后生刺槐林径向生长已经变得非常缓慢，平均值只有 0.8mm/a，生产力较低，多年之后便形成低产刺槐林。

3.4　研究区刺槐林种群群落时空特征

　　本章通过分析刺槐种群和个体生长随降水量的变化，探讨了陕北人工刺槐林下植被状况，主要结论如下：

　　（1）林下植被物种丰富度和多样性在中部地区最高，南部、北部较低。因为中部地区聚集了南部、北部的一些物种。

　　（2）由南向北，随着降水量的减少，样地水分承载力逐渐降低，刺槐人工林密度、郁闭度随之降低。

　　（3）不同降水量情境下，林地密度受不同因素的控制。在南部地区，自稀疏作用控制着林地密度变化。而在北部地区，林地密度主要受制于干旱胁迫下树种成活率以及土壤水分承载力。

　　（4）干旱胁迫使刺槐径向生长受到影响，同时缩短了径向生长旺盛期的长度。

第4章 土壤水分分布及其与刺槐林地的关系

水分是影响黄土高原植被恢复效果的主要因子。刺槐作为我国干旱半干旱地区的主要造林树种，其生长易受干旱胁迫。在干旱半干旱地区，林木生长部分水分来源于土壤水库的调控，而林木生长也会对土壤水分产生一定影响。土壤水分与刺槐林之间的相互影响和制约的关系随环境变化呈现出不同规律，为指导大范围造林活动，区域尺度研究十分有必要。生长季是落叶植物耗水量最大的时段，这一时段土壤水分对落叶植物的生长具有重要意义。因此，生长季是研究人工植被干层效应以及土壤水分和刺槐林地的相互作用的最佳季节。刺槐为浅根系植物，在黄土高原地区有效根主要分布在 20~60cm 土层深度范围内。因此，1m 内土壤含水量对刺槐生长具有重要意义。同时，根据以往的调查，黄土高原地区 1m 深土层土壤水分变化较为剧烈，容易受到气候、地形影响，1m 深土壤含水量与气候、地形的关系研究可用于已知气候、地形条件下植被的优化配置。

本章拟通过陕北地区 1m 深土壤水分调查分析以下问题：①生长季刺槐林土壤水分区域分布；②影响生长季刺槐林土壤水分区域分布的主要因子；③造林后刺槐人工林土壤水分变化趋势。

4.1 研 究 方 法

4.1.1 野外试验方法

野外样地设置、样地地理信息以及植被、土壤采样和分析参考第 2 章。

4.1.2　数据处理方法

本书在流域和区域两个尺度上分析了造林后刺槐人工林土壤水分变化趋势。在流域尺度上，沿水分梯度在研究区的南部、中部和北部地区选择 3 个具有代表性的小流域：赵家源（年均降水量 617mm）、燕儿沟（年均降水量 509mm）和高西沟（年均降水量 352mm）。由于北部高西沟流域刺槐林地较少，因此在附近流域选取合适刺槐林进行样地补充。利用单因子方差分析比较同一流域不同林龄 1m 深土壤水分平均值差异，分析不同流域刺槐林随造林年限的变化；比较 3 个不同流域土壤含水量差异。单因子方差分析中多重比较采用最小二乘法。在区域尺度，对所有样地的所有数据进行综合分析。通过相关分析，探讨环境因子（例如地理因素、坡面信息与植被因素）与土壤含水量（1m 深土壤水分平均值以及各层土壤水分）的关系。这些分析在 SPSS 16.0 中完成。

4.2　结 果 与 分 析

4.2.1　不同流域土壤含水量随林龄的变化

土壤剖面含水量特征与土壤水分的运动过程密切相关，通过不同深度土壤含水量以及自上而下土壤水分的变化规律可分析样地土壤水分补充与消耗特征。黄土高原地区土层深厚，土壤水分的唯一来源为大气降水，因此土壤水分的补充主要是由上而下的水分入渗补偿过程。在降水充足时，土壤含水量主要取决于由土壤理化性质决定的田间持水量，自上而下变化不大；在降水稀少时，降水入渗仅能补偿表层土壤水分，随深度增加，土壤水分逐渐降低。植被蒸腾耗水与土面蒸发是土壤水分消耗的最主要方式。植被蒸腾会消耗有效根分布土层土壤水分，造成该层土壤含水量降低，从而影响有效根分布土层以下土壤水分的补给。土面蒸发主要影响表层土壤含水量，对下层土壤含水量影响不大。

　　如图 4.1 所示，不同流域土壤水分剖面表现出很大不同。赵家塬流域土壤含水量较高，接近该地区田间持水量，说明该地区土壤水分在生长季可以得到很好补偿。自上而下土壤剖面土壤水分变化微弱，随深度增加土壤水分略微降低，没有明显植被消耗层，因此生长季植被消耗对该流域土壤水分没有明显的影响。燕儿沟流域 1m 土壤含水量剖面明显分为两层：在 0～40cm 的表层，土壤含水量随土层深度增加而迅速降低；在 40～100cm 的下层，土壤含水量较为稳定（对于 5 年生刺槐林，分段点为 70cm）。此处分段点可看作生长季降水补给土壤水分所能到达的深度，由于降水量较少加上植被消耗，此流域刺槐林土壤水分补给层大约在 40～70cm 范围内。在最为干旱的高西沟流域，刺槐林土壤剖面土壤含水量极低（低于

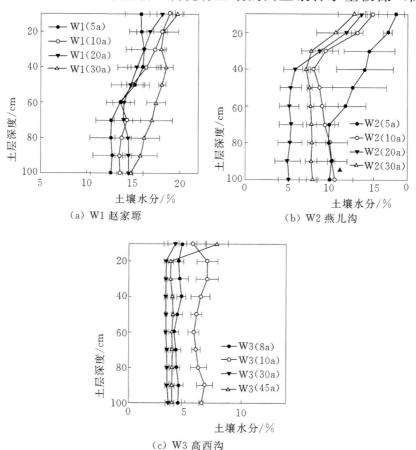

（a）W1 赵家塬　　　　　　　（b）W2 燕儿沟

（c）W3 高西沟

图 4.1　不同流域土壤剖面土壤含水量动态

5%），接近于凋萎湿度，且自上而下变化较小。10年生刺槐林各层土壤含水量稳定在6%左右。45年刺槐林表层土壤含水量最高（约为7.8%）。

如图4.2所示，刺槐林土壤含水量平均值主要受降水量的影响。自赵家塬流域到高西沟流域，随着降水量的不断降低，土壤水分呈现显著降低趋势。赵家塬流域土壤1m深土壤含水量平均值为15.48%，接近于该地区田间持水量，约为15.00%［李军等，2008（b）］。燕儿沟流域土壤1m深土壤含水量降低到9.48%。高西沟流域土壤1m深土壤含水量平均值最低，为4.61%，接近于该地区凋萎系数（王力等，2004；李洪建等，1996）。

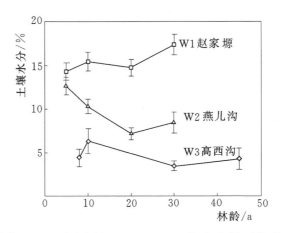

图4.2　不同流域0～100cm土壤含水量平均值

在干旱半干旱地区，土壤水分是影响植物分布的重要因子，它的变异主要决定于气候、地形和土壤。另外，造林改变了地上植被结构、土壤性质等，也会对土壤水分产生一定影响。过去十几年，黄土高原的造林活动对该地区的水文过程产生了一定影响，特别是在降水量较少的地区。一些学者通过研究发现随着植被恢复的进行，土壤水被逐渐消耗，消耗的土壤水分不能及时得到补偿，从而造成土壤出现干化趋势。"土壤干层"的出现归根到底是由不适当植被建设造成的土壤水分消耗引起，而土壤干层的问题在植被恢复初期并不明显，它是植被对土壤水分持续消耗的结果。本书通过研究不同恢复年限刺槐林土壤水分变化情况，分析了不同降水量地区土壤水分在造林后的变化规律。在赵家塬流域，林龄小于 20 年的刺槐林其土壤含水量约为 15%，而 30 年刺槐林的土壤含水量达到 17%（图 4.2）。在燕儿沟流域，随林龄的增加 5～20 年刺槐林土壤水分由 12.7% 降低到 7.1%，30 年刺槐林又恢复到 8.5%（图 4.2）。在高西沟流域，土壤含水量极低，约为 4%～6%，且随林龄无明显变化，10 年刺槐林的土壤含水量稍高于其他样地，原因可能为土壤质地和理化性质差异导致的干旱条件下土壤稳定含水量差异。由此可见，在不同降水量地区，土壤水分在造林后呈现不同的变化趋势，主要规律为在降水量较多地区造林会增加土壤含水量；在降水量中等地区，土壤水分在造林后呈现先增加后减少的趋势；而在降水量极少地区，土壤水分在造林后变化较小。

4.2.2 区域尺度影响土壤含水量的环境因子

如第 2 章所述，为尽量避免坡面差异（坡度、坡向、坡位）对土壤水分的影响，结合实际造林情况，研究中所选样地均为上部较陡坡面。通过坡度、坡向与降水量的相关分析发现坡度、坡向分级（坡向分级方法见 2.4.1）与 1m 深土壤水分平均值没有显著相关关系（图 4.3），此结果表明研究样地的选择很好地剔除了坡面变异因素对土壤含水量的影响。

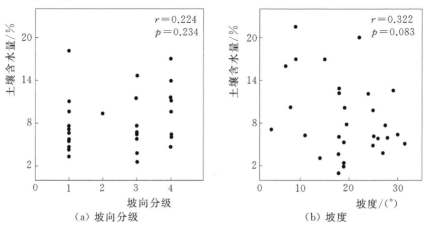

（a）坡向分级 　　　　　　　（b）坡度

图 4.3 坡向坡度和土壤水分的关系

在区域尺度上，进一步分析了1m深土壤水分平均值与地理位置（经纬度和海拔）、降水量和林地特征（林地密度、郁闭度、草本盖度以及林龄）之间的关系。结果表明：1m深土壤水分平均值与林地密度、郁闭度和降水量呈正相关，而与纬度和林龄呈负相关，与经度、海拔、草本盖度无显著相关关系（图4.4）。

因样地沿纬度方向设置，而纬度梯度同为水分梯度，因此土壤水分表现出与纬度显著相关的特征。土壤水分与林地特征之间的关系体现了多因子的综合作用。由表4.1可知，林地郁闭度和林地密度随纬度和林龄的增加以及降水量的减少而逐渐降低。在控制纬度

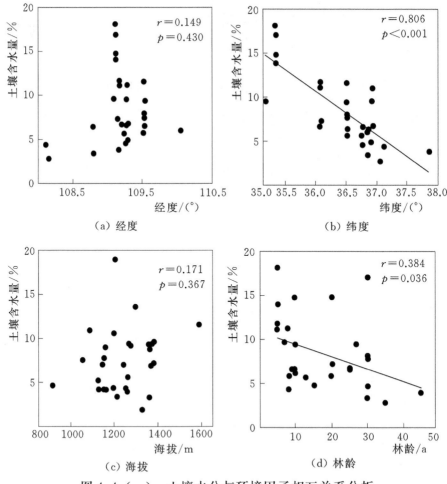

（a）经度　　　　　　　　　　（b）纬度

（c）海拔　　　　　　　　　　（d）林龄

图4.4（一）　土壤水分与环境因子相互关系分析

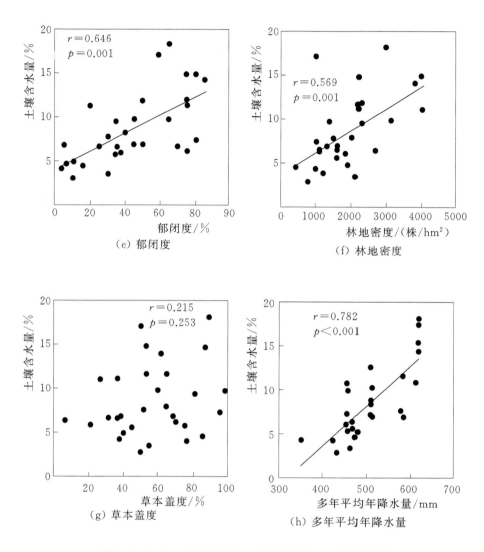

图 4.4（二） 土壤水分与环境因子相互关系分析

的情况下，林地郁闭度、林地密度之间没有显著相关关系。草本植物根系较浅，地表植株对地面有一定遮蔽作用，因此可能对表层土壤水分影响较大，对下层土壤水分的影响有限。为区分不同土层土壤水分影响因子，需按土壤分层来对土壤水分与各因子之间的相关关系作进一步分析。

表 4.1

环境因子之间的相关关系

环境因子	郁闭度	坡向	草本盖度	林地密度	胸径	树高	经度	海拔	林龄	坡度
坡向	n.s.									
草本盖度	n.s.	n.s.								
林地密度	0.576**	n.s.	n.s.							
胸径	n.s.	n.s.	n.s.	−0.481**						
树高	0.454*	n.s.	n.s.	n.s.	0.541**					
经度	n.s.	n.s.	n.s.	n.s.	n.s.	n.s.				
海拔	n.s.	n.s.	n.s.	n.s.	n.s.	n.s.	−0.645**			
林龄	−0.386*	n.s.	n.s.	−0.546**	0.719**	n.s.	n.s.	n.s.		
坡度	−0.409*	n.s.	−0.438*	n.s.	n.s.	n.s.	n.s.	n.s.	n.s.	
纬度	−0.698**	n.s.	−0.369*	−0.588**	n.s.	n.s.	n.s.	n.s.	n.s.	0.541**

注　$N=30$; * 指 $p<0.05$; ** 指 $p<0.01$; n.s. 为不显著。

4.2.3 影响不同土层土壤含水量的主要因子

通过不同土层土壤水分与各环境因子的相关分析（表 4.2）发现，20～60cm 土层深度的土壤水分与林龄呈显著负相关。在 0～10cm 表土，土壤水分与草本盖度呈显著正相关（$r=0.366$，$p<0.05$）。林地密度和郁闭度与各层土壤水分均呈正相关，纬度与各层土壤水分均呈负相关。

表 4.2　　　　不同土层土壤水分与环境因子相关分析

土层深度 /cm	林龄	草本盖度	林地密度	纬度	郁闭度
0～10	n. s.	0.366*	0.581**	−0.750**	0.601**
10～20	n. s.	n. s.	0.622**	−0.818**	0.650**
20～30	−0.406*	n. s.	0.624**	−0.795**	0.656**
30～40	−0.0399*	n. s.	0.588**	−0.793**	0.649**
40～50	−0.398*	n. s.	0.571**	−0.809**	0.634**
50～60	−0.364*	n. s.	0.538**	−0.783**	0.629**
60～70	n. s.	n. s.	0.554**	−0.801**	0.623**
70～80	n. s.	n. s.	0.533**	−0.795**	0.639**
80～90	n. s.	n. s.	0.517**	−0.783**	0.629**
90～100	n. s.	n. s.	0.543**	−0.794**	0.633**
平均值	−0.384*	n. s.	0.569**	−0.806**	0.646**

注　$N=30$；* 指 $p<0.05$；* * 指 $p<0.01$；n. s. 为不显著。

4.2.4 区域尺度土壤水分随纬度和林龄变化模型

在区域尺度上，土壤水分随纬度的增加呈显著降低趋势，而随林龄增加呈现不同趋势（图 4.5）。因此在预测区域水平上土壤水分随林龄变异情况时，不能使用线性模型。

在区域尺度上，土壤水分随着林龄呈现不同变化规律：在降水较为充足的低纬度地区，土壤水分会随着林龄的增加而增加；随着纬度的升高，降水量逐渐降低，林地消耗对土壤水分的影响逐渐增大，当纬度达到转折点 C 时，随着林龄的增加，造林形成的正负效应达到平衡，土壤水分不随林龄的变化而变化；当纬度大于 C 时，土壤水分随着林龄的增加逐渐降低，直到林地出现老化土壤水分才逐渐得到恢复。因此，在纬度和林龄基础上构建的 1m 深土壤水分平均值的预测模型：

$$M_C = A \times l + B \times (C-l) \times y + D \qquad (4.1)$$

式中：M_C 为土壤水分；A、B、C、D 为常数；l 为纬度值；y 为林龄。

通过非线性回归分析得到式（4.2），回归曲面如图 4.5 所示：

$$M_C = -4.501 \times l + 0.017 \times (35.889 - l) \times y + 172.68 \qquad (4.2)$$

若不考虑纬度转折点构建线性模型，则得到：

$$M_C = -2.056 \times l - 0.091 \times y + 84.034 \qquad (4.3)$$

式（4.2）和式（4.3）可分别解释区域土壤水分变异量的 65.2% 和 43.8%。相比于不考虑纬度转折点的线性模型，根据实际情况构建的非线性模型可更好地模拟土壤水分的空间变异规律。然而，由于受到数据量的限制，此非线性模型仅可指示造林后土壤水分变化的分布规律，若要进行更精准的区域划分，尚需更多数据量的支持。

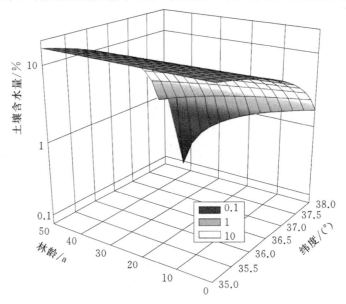

图 4.5　土壤水分随纬度和林龄变化图

4.3 造林地土壤水分变化及其潜在影响

4.3.1 土壤水分时空变异分析

4.3.1.1 土壤水分随林龄的变化

在区域尺度上，1m 深土壤水分平均值随林龄增加而降低，土壤水分随林龄的变化在不同流域呈现不同趋势。

由于降水量较大（年均降水量 617 mm），赵家塬流域土壤含水量较高。1m 深土壤剖面水分得到良好补充含量较为稳定。这与李玉山（1983）的研究结果一致。所有样地平均土壤含水量为15.48%，与该地区田间持水量相当（李军等，2008b）。在这种情况下，刺槐根吸收对土壤水分的影响由于间歇性降水而得到补充，土壤含水量很大程度上取决于土壤持水力和土壤保水力。Joffre 等（1988）在西班牙南部（年均降水量 650mm）的研究表明，造林后土壤渗透性和持水力的提高，使造林地土壤水分大于草地。土壤持水力和保水力主要与土壤有机质含量、土壤质地、孔隙度和容重相关（Husein 等，1999）。黄土高原地区土壤发育于黄土母质，这种土壤质地较为稳定，在 1 个世纪内不会有显著变化（Oki 等，2006）。土壤有机质通过胶接土壤颗粒使土壤团聚体结构得到改善，增加土壤孔隙度，进一步改善土壤结构降低土壤容重（Husein 等，1999；Langdale 等，1992；Oki 等，2006；Soane，1990；Watts 等，1997）。因此，在陕北地区土壤有机质可很好代表土壤持水力和保水力（Franzluebbers，2002；Oki 等，2006）。在赵家塬，表层土壤有机质随林龄增加而显著增加（0~10cm，$r=0.49$，$p<0.01$；10~20cm，$r=0.551$，$p<0.01$）。这一发现与 Paul 等（2002）的研究一致。在赵家塬流域，随土壤有机质的增加，土壤含水量增加[图 4.6（a）]。因此，土壤水分状况很可能随林龄的增加而改善。在燕儿沟和高西沟 [图 4.6（b）和图 4.6（c）]，土壤含水量与土壤有机质之间的关系不明显，表明土壤持水力对土壤水分的影响

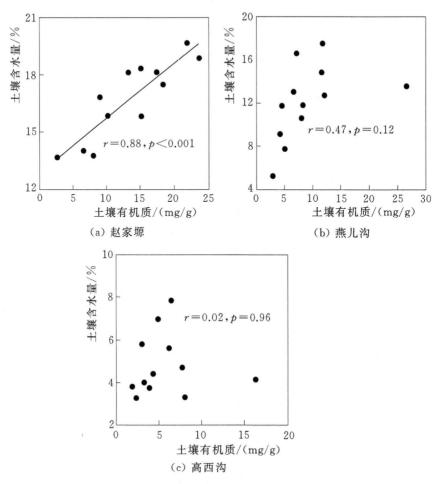

图 4.6 不同流域土壤水分与土壤有机质之间的关系

降低。

  在燕儿沟流域，转折点的出现是由于上层水分补充不足。降水和根吸收对土壤水分的影响较为明显。20～60cm 土层深度刺槐有效根的分布造成土壤水分消耗（王进鑫等，2004；曹扬等，2006；刘秀萍等，2007）。造林树种，特别是速生树种的水分消耗随林龄先增后减（Almeida 等，2007；Farley 等，2005）。银顶白蜡桉在 15 年时出现蒸腾峰值（Roberts 等，2001；Vertessy 等，2001）。在造林初期，由于林地需水量增加，土壤迅速变干。从燕儿沟流域试验结果分析可知，黄土高原刺槐水分利用的峰值出现在 20～30

年之间（图 4.2）。老龄林水分利用的降低也许是赵家塬流域中 30 年刺槐人工林土壤水分较高的另外一个原因。在高西沟流域，有限降水和林地蒸腾导致严重的土壤水分亏缺（孟秦倩等，2008）（图 4.2）。土壤含水量接近于该地区凋萎含水量（李洪建等，1996），很难被植物利用。在高西沟流域，土壤水分随林龄没有明显的变化趋势。不同林地土壤水分差异很可能来自地形和土壤差异。

4.3.1.2 土壤水分区域变异

从空间变异来看，整个研究区土壤水分空间变异主要受降水的影响，降水量随纬度增加逐渐增加。除了降水的减少，研究区北部土壤中砂粒含量的增加导致土壤持水力和稳定含水量的降低，这也是北部地区土壤含水量降低的一个主要原因。

虽然造林初期林地密度相同，但是由于干旱以及生态位竞争导致林地密度随林龄的升高而降低（Guarín 等，2005；Negrón 等，2009；Worrall 等，2008）。然而，林地密度小并不意味着冠层截留和土壤水分吸收小，根据王俊波等（2007）的研究，在 0～50cm 深度的土层，26 年生刺槐根系生物量是 5 年生刺槐的 8.1 倍。因此，随林龄的增加，虽然林龄和郁闭度显著降低，但是根际生物量很可能升高，吸收更多的水分用于蒸腾。另外，随纬度的升高，水资源量降低，林地密度和郁闭度随之降低（表 4.1）。上述这些条件导致土壤水分与林地密度郁闭度之间的正相关关系。当把纬度和林龄作为控制变量时，土壤水分与林地密度和郁闭度之间不存在显著相关关系。

4.3.1.3 土壤水分层间变异

表层土壤是土壤-植物-大气系统物质和能量交换的重要场所。草本通过屏蔽效应和根吸收对水分产生影响。黄土质地均匀、毛管孔隙发达和土壤吸力较弱，造成土壤潜在蒸发强烈（胡良军等，2002）。屏蔽效应影响土壤和大气能量交换，可降低土壤昼夜温度以及土壤温度的变异（Verhoef 等，2006）。表土温度降低可降低裸土蒸发并增加水分冷凝（Alvarez 等，2006）。这些效应可有效地改善表层土壤水分，但是随土层深度的增加屏蔽作用逐渐减弱，植物根吸收作用增强。研究中，仅表土（0～10cm）土壤含水量与草本盖度呈显著正相关（$r=0.366$，$p<0.05$，见表 4.2）。

刺槐是浅根植物，虽然最深垂直根系的分布在 120（刘秀萍等，2007）～190cm（王进鑫等，2004），但有效根集中在 0～60cm 土层深度，特别是在 20～60cm 土层深度分布较为密集（王进鑫等，2004；曹扬等，2006；刘秀萍等，2007）。因此，20～60cm 土层深度是刺槐水分吸收集中层。造林初期，随林龄增加，根密度迅速增加，林地耗水相应提高，这可解释 20～60cm 土层深度土壤水分与林龄之间的负相关关系。然而，水分与林龄之间相关关系的方向与紧密程度受其他环境因子的影响。

4.3.2　退耕还林对后期植被恢复的潜在影响

虽然，赵家塬流域 30 年刺槐林样地土壤含水量高于低林龄样地，但在区域尺度上，生长季土壤水分随林龄的增加而显著降低 [图 4.4（d）]，这可能给生态环境以及植被更新带来负面影响。造林树种受到干化趋势的影响，其生长可能受到限制（侯庆春等，1991；韩蕊莲等，1996）。此外，土壤干化可能造成林下植被演替加速，较为适应干旱环境的物种和一些浅根植物迅速成为优势物种，在自然演替达到一个新的植被结构和物种组成之前往往需要几十年时间（Francis 等，2006；Li 等，2004）。

干旱地区造林毕竟会造成造林树种干旱胁迫，由于土壤水分消耗还会给后续植被恢复带来影响。因此，在造林中应综合考虑树种的适应性以及造林的潜在生态效应。

4.4　研究区造林对土壤水分的影响

本章通过陕北地区刺槐林土壤水分调查分析了该地区土壤水分的时空变异特征，通过不同林龄刺槐林土壤水分对比分析，揭示了造林后刺槐林土壤水分变化趋势，并得到以下结论：

（1）由于土层较厚，地下水埋藏较深，降水量是陕北地区刺槐林地土壤水分区域变异的主要影响因子，基本可反映植物可获得水资源量的大小。

（2）在整个区域，造林后土壤水分随林龄的增加呈降低趋势，但在不同降水量范围内又有所不同。在降水量充足地区，造林后土壤结构的改善可增加土壤含水量；随着降水量降低，林木蒸腾耗水会造成土壤水的消耗，而随着林木老化，土壤水库可逐渐恢复；在降水量极其匮乏地区，土壤含水量较低，不能被植物所利用，因此随林龄增加土壤水分无明显变化趋势。

（3）刺槐生长对 20～60cm 土层深度有效根密集区的土壤水分消耗明显。林下草本遮蔽可增加 0～10cm 土层深度的土壤含水量。

基于以上结论，在黄土高原刺槐人工林建设中可根据降水量选择造林区域，造林区域降水量应在 500mm 以上才能确保土壤水分的可持续利用以及生态系统的健康发展。

第5章 水分梯度下刺槐叶属性变化及其生态学意义

叶片是植物进行光合作用和与外界进行物质能量交换的重要器官，叶片形状、结构以及化学物质含量影响着植物与外界的物质能量交换和叶片内部的生理生态过程。某一环境中的各物种往往具有相似的元素含量特点，因而叶属性变异可反映植物对环境变化的适应性，而对于同一物种来说，也可以通过自身营养元素含量的调节来适应变化的生存环境。因此，通过物种叶属性特点以及叶属性变异分析可反映物种的适应性信息。

本章基于叶属性研究探讨刺槐林的适应性。研究内容和目标包括以下两个方面：①定量分析刺槐叶属性特点及其生理生态学意义；②揭示叶属性及其协变随降水量的变化及其反映的刺槐适应策略。

5.1 研 究 方 法

5.1.1 样品采集

在刺槐树的冠层外部，采集完全展开且完整的阳生叶片约 60 片并分成两份。一份放在盛有蒸馏水的封口袋中，并将封口袋置于便携式冰箱中 6～8h，然后用滤纸擦干。先用分析天平（AL104，Mettler Toledo Co.，Switzerland）称量，获取叶片的饱和鲜重；接下来用平板扫描仪（Microtek，Scanmaker S460，China）扫描叶片，在 ARC/INFO 8.1（Environmental Systems Research Institute，Redlands，CA，USA）中计算叶面积；最后，把样品装入纸袋，在

60℃下烘干至恒重（至少 24h），确定叶片干重。比叶重的计算方法是用叶片干重除以单面叶面积。另一份用于养分测定的样品择下之后置于纸袋中并在日光下风干，回到实验室将其置于 60℃烘箱中至少 24h，直至恒重。样品采集工作在 2008 年 7 月下旬到 8 月中旬完成。

5.1.2　叶属性测定

烘干刺槐叶片样品，用研钵研磨过筛，筛孔 0.150mm，用于化学分析。养分测定在中国科学院城市与区域生态国家重点实验室完成。

单位质量氮含量的测定：取 15mg 均匀混合的样品用元素分析仪测定（VarioEL Ⅲ；Elementar Analysensysteme GmbH，Hanau，Germany）。在磷和钾的测定时，取 0.3g 过筛样品在 H_2SO_4 — H_2O_2 中消解（第一阶段升温至 180℃，约 10～20min；第二阶段从 180℃升温至 360℃，约 2.5h）（Thomas 等，1967），消解液用去离子水稀释至 50mL，用电感耦合等离子发射光谱仪（ICP - OES；Teledyne Lemman Labs Prodigy，Hudson，USA）（Ikem 等，2002）测定液体中磷和钾的含量。测定中所用的吸收波长为：磷，178.28nm；钾，766.49nm。磷标准溶液用磷酸二氢钾配制，浓度范围为 0.5～8µg/mL；钾标准溶液由氯化钾配制，浓度范围为 1～20µg/mL。磷和钾的最终浓度根据吸收值通过标准曲线计算获得，根据消解液浓度计算样品中磷和钾的含量。测定样品的同时测定植物标准物（GSV - 4），进行质量控制。利用单位质量养分含量［单位质量氮、磷、钾含量分别为 nitrogen contend per mass（N_{mass}）、phosphrous contend per mass（P_{mass}）、potassium contend per mass（K_{mass}）］和比叶重，计算单位面积养分含量［单位面积氮、磷、钾含量分别为 nitrogen contend per area（N_{area}）、phosphrous contend per area（P_{area}）、potassium contend per area（K_{area}）］，换算关系为（以氮为例）：$N_{area}=$ 比叶重 × N_{mass}。

5.1.3　种间叶属性数据介绍

陕北地区种间叶属性数据来自 Zheng 等（2007）在陕西的研究，此研究共涉及 8 个点位（表 5.1），其中 7 个点位的环境条件与本书所涉及的研究区域相似，分别为杨凌、永寿、铜川、富县、安塞、米脂、神木。最南边的宁陕县属于亚热带常绿阔叶林带，不属于干旱半干旱区，因此在对比分析中将其剔除。

表 5.1　　　　　　　　　种间叶属性数据来源点位信息

地点	海拔 /m	气候和植被	土壤类型	年均降水量 /mm	年均气温 /℃	年太阳照射 /h
杨凌	468	暖温带湿润半湿润气候；森林带	粉砂黏壤土	635	12.9	2163
永寿	1454	暖温带湿润半湿润气候；森林带	钙质壤土	602	10.8	2166
铜川	1324	—	—	555	12	2357
富县	1253	—	—	570	9.1	2492
安塞	1125	暖温带半干旱气候；森林草原带	黄黏土	505	8.8	2397
米脂	1103	中温带半干旱气候；草原带	黄黏土	451	8.8	2731
神木	1255	中温带干旱半干旱气候；荒漠草原带	砂黄土	441	8.5	2876
宁陕	1614	亚热带湿润气候；常绿阔叶林带	棕色森林土	1023	12.4	1668

在 Zheng 等（2007）的研究中，氮的测定使用的是改进的凯氏定氮法，样品用水杨酸和硫代硫酸盐进行了前处理，以使测定结果

包含硝酸和亚硝酸盐中所含氮元素（Bremner 等，1982），因此该方法测定的是叶片全氮含量。本书研究测定的同样是全氮，因此两个研究的氮含量具有可比性。

5.1.4 统计分析

利用描述性统计来比较刺槐种内叶属性和区域种间叶属性，采用 LSD 方法进行单因素方差分析（ANOVA）。由于叶属性之间存在异速生长规则，在分析叶属性之间的相关关系时，以常用对数将叶属性数据进行转化，以保证数据的近似正态分布和残差的同质性（Hidaka 等，2009；Reich 等，2010；West 等，1997）。在此基础上，利用相关分析计算了不同叶属性之间的 Pearson 相关系数和回归斜率。

沿纬度（水分梯度）使用分段回归的方法，分析比叶重与营养元素之间相关关系随降水量的变化。在分段回归的过程中，所有的样地按纬度被分成两部分。首次计算，样地被分为 1 个和 30 个，二次计算被分为 2 个和 29 个，依次进行回归。计算所有分段两部分回归残差之和，残差和最小的分段点被采纳。对于比叶重与氮、磷、钾的关系，计算中获得了不同但相近的分段点，为保持一致性，给定了一个共同分段点，分段结果为北段 21 个点，南段 10 个点。在北段，对 21 个样点进行进一步划分。最终，31 个样点被分为 3 个部分：A 段（10 个样点，年均降水量 483~588mm），B 段（11 个样点，年均降水量 422~477mm）和 C 段（10 个样点，年均降水量 343~441mm）。

利用标准化主轴（SMA）的方法，分析种内比叶重与养分含量在不同降水量分段下的相互关系，SMA 斜率和截距的拟合与验证在 R 2.10.1 软件中借助 MATR 软件包完成（Warton 等，2006）。种间叶属性分析同样使用 SMA 方法，在种间叶属性分析时，分段点未进行分段回归，而是通过主观指定的方法确定。

其他统计分析在 SPSS 15.0 下完成。

5.2　研　究　结　果

5.2.1　刺槐种内叶属性及其与地区种间叶属性的比较

表 5.2 中给出了 31 块样地刺槐叶属性的统计特征，以及 Zheng 等（2007）研究中 6 个刺槐样地叶属性的统计特征。在整个研究区，刺槐各种内叶属性表现出不同程度的变异。比叶重、氮和磷变化约为 3~4 倍，K_{mass} 变化了 5 倍，K_{area} 变化最多，达到 12.1 倍。从统计特征来看，尽管刺槐比叶重的取值范围在两个研究中差别较大，但几何和算术均值较为相近。对于 N_{area} 和 N_{mass}，本书研究所得的几何与算术均值均低于 Zheng 等（2007）的研究，由图 5.1 可知，在该地区所有乔木树种中，刺槐比叶重（LMA）较低 ［图 5.1（a）］。作为一种重要的固氮树种，刺槐叶片单位质量氮含量（N_{mass}）较大 ［图 5.1（b）］，然而由于比叶重较小，单位面积氮含量（N_{area}）与该地区其他树种或物种的平均值差别较小 ［图 5.1（c）］。

表 5.2　本书研究及 Zheng 等（2007）研究中刺槐叶属性的统计特征

指　标	最小值	最大值	最大值/最小值	平均值±标准差	几何平均值
本书研究	$N=31$				
$LMA/(g/m^2)$	21	81	3.9	61±15	59
$N_{mass}/\%$	1.78	4.94	2.8	3.09±0.73	3.00
$P_{mass}/\%$	0.06	0.18	2.9	0.13±0.03	0.13
$K_{mass}/\%$	0.24	1.19	4.9	0.66±0.25	0.62
$N_{area}/(g/m^2)$	0.81	2.46	3.1	1.80±0.33	1.76
$P_{area}/(g/m^2)$	0.034	0.116	3.5	0.077±0.019	0.075
$K_{area}/(g/m^2)$	0.053	0.639	12.1	0.396±0.138	0.360

指　标	最小值	最大值	最大值/最小值	平均值±标准差	几何平均值
Zheng 等（2007）研究			$N=6$		
$LMA/(g/m^2)$	37	162	4.4	61 ± 50	51
$N_{mass}/\%$	3.25	4.45	1.4	3.89 ± 0.38	3.88
$N_{area}/(g/m^2)$	1.45	5.27	3.6	2.25 ± 1.49	1.99

注　N_{area}、P_{area}、K_{area} 为单位面积氮、磷、钾浓度；N_{mass}、P_{mass}、K_{mass} 为单位质量氮、磷、钾浓度。

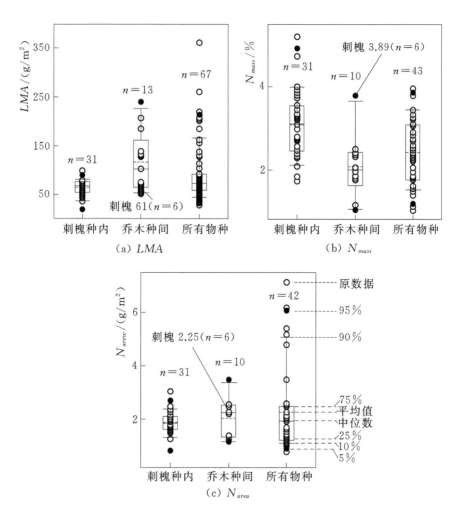

图 5.1　种间种内比叶重（LMA）、N_{mass} 和 N_{area} 箱式图

5.2.2 叶属性间的相关关系

从不同叶属性指标两两相关的关系来看，无论是单位质量还是单位面积叶片氮、磷、钾含量均呈显著正相关（$p < 0.01$）。单位质量养分含量与比叶重呈显著负相关（$p < 0.01$；除 K_{mass}，$r = -0.037$，$p = 0.651$），而单位面积养分含量与比叶重呈显著正相关（表 5.3）。氮和磷相关性最高，单位质量和单位面积氮和磷含量的相关系数分别为 0.784 和 0.808（$p < 0.01$）。三种营养元素单位质量含量显著相关，相关性大小为 N_{mass} & $P_{mass} > P_{mass}$ & $K_{mass} > N_{mass}$ & K_{mass}（表 5.3）。三种营养元素单位面积含量的相关性大于单位质量含量的相关性（表 5.3）。比叶重与 N_{mass} 的相关性大于与 N_{area} 的相关性。对于磷来说，单位面积和单位质量含量与比叶重的关系差别较小。对于钾，比叶重与 K_{area} 呈显著正相关，而与 K_{mass} 关系不显著（表 5.3）。

表 5.3 　　　　　　　　　　叶属性之间相关关系分析

项目	lgLMA	lgN_{area}	lgP_{area}	lgK_{area}
lgLMA	—	0.963 （0.799，1.127）	0.647 （0.508，0.786）	0.338 （0.260，0.416）
lgN_{area}	0.681**	—	0.623 （0.551，0.695）	0.242 （0.188，0.297）
lgP_{area}	0.593**	0.808**	—	0.345 （0.278，0.412）
lgK_{area}	0.567**	0.575**	0.630**	—
项目	lgLMA	lgN_{mass}	lgP_{mass}	lgK_{mass}
lgLMA		−0.966 （−1.118，−0.813）	−0.605 （−0.760，−0.449）	−0.026
lgN_{mass}	−0.708**	—	0.662 （0.576，0.742）	0.131 （0.051，0.213）
lgP_{mass}	−0.525**	0.784**	—	0.249 （0.160，0.344）
lgK_{mass}	−0.037	0.247**	0.400**	—

注 右上部分给出的是标准主轴，如果两叶属性之间在 0.01 水平上相关后面括号中给出了标准主轴 95% 置信区间（第一列为因变量，第一行为自变量）。相关系数在左下部分给出，$N = 155$；* 指 $p < 0.05$；** 指 $p < 0.01$。

如图 5.2 所示，在高比叶重和低比叶重区，比叶重和养分含量之间的关系似乎存在差异。因此利用 SMA 的方法，在 3 个分段对比叶重与养分含量之间的关系进行了进一步的分析。

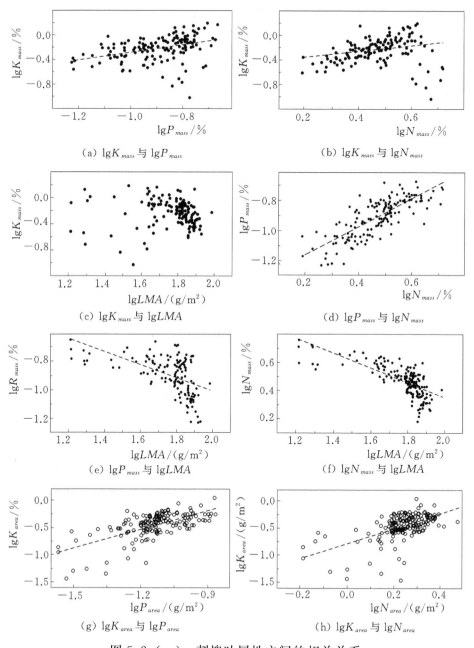

(a) $\lg K_{mass}$ 与 $\lg P_{mass}$

(b) $\lg K_{mass}$ 与 $\lg N_{mass}$

(c) $\lg K_{mass}$ 与 $\lg LMA$

(d) $\lg P_{mass}$ 与 $\lg N_{mass}$

(e) $\lg P_{mass}$ 与 $\lg LMA$

(f) $\lg N_{mass}$ 与 $\lg LMA$

(g) $\lg K_{area}$ 与 $\lg P_{area}$

(h) $\lg K_{area}$ 与 $\lg N_{area}$

图 5.2（一） 刺槐叶属性之间的相关关系

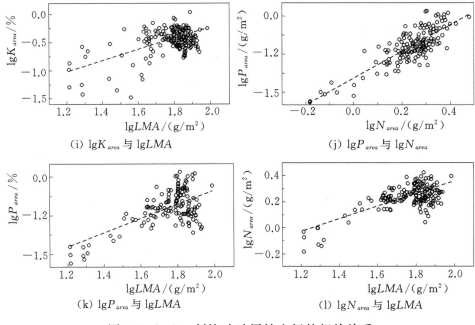

(i) $\lg K_{area}$ 与 $\lg LMA$

(j) $\lg P_{area}$ 与 $\lg N_{area}$

(k) $\lg P_{area}$ 与 $\lg LMA$

(l) $\lg N_{area}$ 与 $\lg LMA$

图 5.2（二） 刺槐叶叶属性之间的相关关系

5.2.3 比叶重与氮、磷、钾含量的三段拟合

标准主轴法（SMA）分析的比叶重与养分含量之间的相关关系如图 5.3 所示，相对于水分较为充足的 A 段，刺槐在 B 段和 C 段的单位面积养分含量较高而单位质量养分含量较低。在不同分区，比叶重与养分含量之间的斜率表现出较大差异（图 5.3，表 5.4）。在 A 段，随比叶重升高，N_{mass} 和 P_{mass} 呈下降趋势，K_{mass} 呈增加趋势，但统计检验结果（用 slope.test 命令实现）表明比叶重与 K_{mass} 斜率与零无差异（$p = 0.999$）。在 B 段和 C 段，N_{mass}，P_{mass} 和 K_{mass} 均随比叶重的升高而下降［图 5.3（a）、图 5.3（c）、图 5.3（e）］。在 A 段，N_{area}，P_{area} 和 K_{area} 均随比叶重的增加而增加。在 B 和 C 段，增加趋势变得不明显。比叶重—N_{area} 和比叶重—P_{area} 之间相关性不显著，而比叶重—K_{area} 的斜率与 0 无差异［图 5.3（b）、图 5.3（d）、图 5.3（f）］。

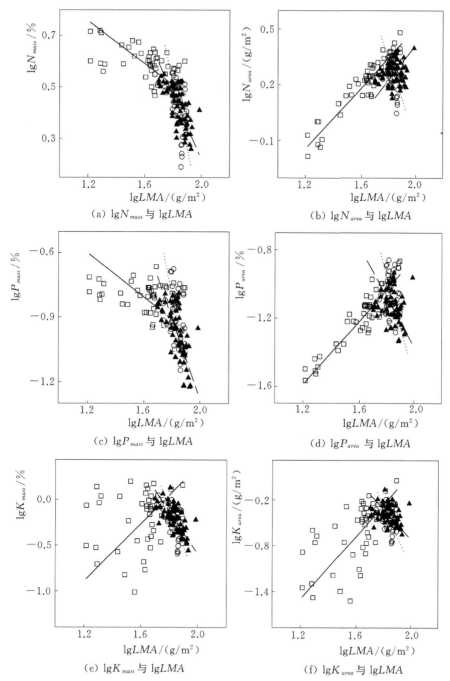

图 5.3　标准主轴法（SMA）分析的比叶重与养分含量之间的相关关系

注：A 段为未填充的正方形和实线；B 段为填充的三角形和长虚线；C 段为未填充的圆形和点划线。斜率和截距大小和统计信息见表 5.4。

表 5.4　　　刺槐比叶重与养分含量的 SMA 分段分析

项目	A 段（$N=50$）	B 段（$N=60$）	C 段（$N=45$）
$\lg LMA -$ $\lg N_{mass}$	-0.416（-0.331，-0.522）a， 1.26， -0.62，$p<0.001$	-1.234（-1.016，-1.5）b， 2.69， -0.67，$p<0.001$	-2.507（-1.933，-3.251）c， 5.02， -0.52，$p<0.001$
$\lg LMA -$ $\lg P_{mass}$	-0.519（-0.399，-0.675）a， 0.03， -0.40，$p=0.004$	-1.888（-1.548，-2.302）b， 2.49， -0.65，$p<0.001$	-3.194（-2.418，-4.22）c， 4.96， -0.40，$p<0.007$
$\lg LMA -$ $\lg K_{mass}$	1.572（1.184，2.086）a， -2.78， 0.14，$p=0.319$	-2.31（-1.887，-2.827）b， 4.02， -0.63，$p<0.001$	-4.16（-3.206，-5.399）c， 7.38， -0.52，$p<0.001$
$\lg LMA -$ $\lg N_{area}$	0.813（0.723，0.914）aA， -1.12， 0.92，$p<0.001$	0.94（0.728，1.213）aB， -1.46， 0.19，$p=0.143$	-2.164（-1.603，-2.922）b， 4.23， -0.14，$p=0.364$
$\lg LMA -$ $\lg P_{area}$	0.923（0.795，1.071）a， -2.70， 0.857，$p<0.001$	-1.453（-1.124，-1.878）b， 1.53， -0.16，$p=0.232$	-2.942（-2.176，-3.978）c， 4.33， -0.09，$p=0.543$
$\lg LMA -$ $\lg K_{area}$	1.98（1.58，2.483）aA， -3.81， 0.619，$p<0.001$	-1.847（-1.436，-2.377）aB， 3.01， -0.25，$p=0.054$	-3.745（-2.805，-4.999）b， 6.45， -0.31，$p=0.042$

注　标准主轴、95％置信区间、截距、Pearson 相关系数、p 值。同一行中在 95％置信区间后有不同小写字母的标准主轴具有显著差异（$\alpha=0.05$）。同一行中在 95％置信区间后有不同大写字母的截距具有显著差异（$\alpha=0.05$），但斜率无显著差异。

在 B 段和 C 段，随着比叶重的升高，刺槐单位质量养分含量降低的速度高于 A 段。刺槐单位面积养分含量在 A 段随比叶重升高而升高，但在 B 段和 C 段未发现升高趋势。

种间比叶重—N_{area} 和比叶重—N_{mass} 斜率在高降水量和低降水量地区没有显著差异。随比叶重的升高，在高降水量地区和低降水量地区 N_{area} 均呈增加趋势（图 5.4，表 5.5）。

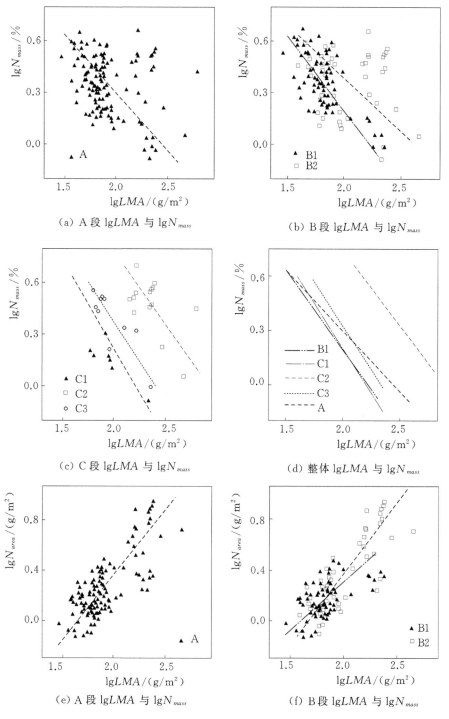

（a）A 段 lgLMA 与 lgN_{mass}

（b）B 段 lgLMA 与 lgN_{mass}

（c）C 段 lgLMA 与 lgN_{mass}

（d）整体 lgLMA 与 lgN_{mass}

（e）A 段 lgLMA 与 lgN_{mass}

（f）B 段 lgLMA 与 lgN_{mass}

图 5.4（一）　种间比叶重（LMA）和氮含量的 SMA 分析

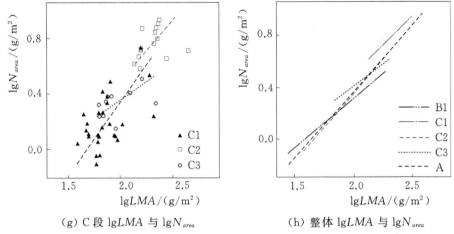

（g）C 段 lgLMA 与 lgN_{area} 　　　　（h）整体 lgLMA 与 lgN_{area}

图 5.4（二）　种间比叶重（LMA）和氮含量的 SMA 分析

注：Zheng 等（2007）的数据按年均降水量逐步细分为 A（年均降水量为 635～441mm）、B1（年均降水量为 635～570mm）、B2（年均降水量为 505～441mm）、C1（年均降水量为 505mm）、C2（年均降水量为 451mm）和 C3（年均降水量为 441mm），斜率和截距信息见表 5.5。

表 5.5　　　　　　　　种间比叶重和氮含量 SMA 分析

区域	B1	C1	C2	C3
样本个数	71	27	15	10
年均降水量 /mm	635～570	505	451	441
lgLMA － lgN_{mass}	−1.07aB，2.26，−0.67，$p<0.001$	−1.05aB，2.25，−0.44，$p=0.022$	−0.54aA，1.70，−0.56，$p=0.031$	−0.67aC，1.67，−0.84，$p=0.002$
lgLMA － lgN_{area}	1.14aA，−1.23，0.53，$p<0.001$	1.12aAB，−1.77，0.54，$p=0.003$	1.03aB，−1.25，0.62，$p=0.14$	0.86aA，−0.74，0.45，$p<0.20$

注　在 lgLMA － lgN_{mass} 和 lgLMA － lgN_{area} 行中给出的是 SMA 的标准主轴、截距、Pearson 相关系数和 p 值。同一行中具有不同小写字母的，表明标准主轴具有显著差异（$\alpha=0.05$）；同一行中具有不同大写字母的，表明截距具有显著差异（$\alpha=0.05$），但斜率没有显著差异。

5.2.4　不同分区叶属性的可塑性

如表 5.6 所示，虽然 B 段和 C 段多年平均气温和年均降水量的变化幅度大于 A 段，但是 B 段和 C 段叶属性变化却小于 A 段（P_{mass} 除外）。

表 5.6 **不同年均降水量分区气候和叶属性变异分析**

项 目		年均降水量/mm	多年平均气温/℃	比叶重/(g/m²)	N_{mass}/%	P_{mass}/%	K_{mass}/%	N_{area}/(g/m²)	P_{area}/(g/m²)	K_{area}/(g/m²)
A 段 (N=50)	最大值	588	10.3	78.2	5.24	0.22	1.58	3.03	0.14	1.13
	最小值	483	8.4	16.3	2.50	0.08	0.10	0.65	0.03	0.03
	最大值－最小值	105	1.9	61.9	2.74	0.13	1.49	2.37	0.11	1.09
B 段和 C 段 (N=105)	最大值	477	10.4	96.6	3.59	0.21	1.36	2.49	0.14	0.86
	最小值	343	7.1	49.7	1.55	0.06	0.25	1.11	0.05	0.18
	最大值－最小值	143	3.3	46.9	2.03	0.15	1.10	1.38	0.09	0.68

5.3 种间种内叶属性变化及其生态学意义

5.3.1 刺槐叶属性及其生态学意义

相对于该地区种间叶属性变异，刺槐比叶重、单位质量和单位面积氮含量呈现出相当大的变异，且不同属性表现出不同的相对变异大小。相对于其他树种，刺槐单位质量氮含量较高，且相对于比叶重和单位面积氮含量表现出更大的相对变异，这与 Wright 等（2005）关于固氮物种的研究相一致。单位质量氮含量较高而比叶重较低的物种一般具有较高相对生长速率（Poorter 等，2009），这样的物种对资源的利用效率不高，比较适合生长在资源相对丰富的地区。而在资源相对匮乏的地区，这种资源利用策略对物种生存则十分不利。刺槐原生地位于美国东南部，该地区气候湿润，降水量丰富，土壤肥沃，十分有利于速生物种的生长。在陕北黄土高原地区，由南到北降水量由 600mm 多降低到 300mm 多。此外，起伏的地形和保水力较差的土壤使得水资源不能被植物充分利用，刺槐在陕北地区的生长面临巨大挑战。

5.3.2　种间叶属性协变与种内的异同点

5.3.2.1　刺槐叶属性之间的相互关系

刺槐比叶重与养分含量之间（Gajewska 等，2006；Poorter 等，2006；Salzer 等，2006；Wright 等，2004a）以及各养分含量之间（Thompson 等，1997；Wright 等，2005）在相关关系的大小和方向上都表现出与种间极其相似的模式。这说明虽然物种起源以及后期的适应性使不同物种之间差异很大，但是由于所有物种叶片中的生物化学、结构组成和生理过程的相似性，主要叶属性之间存在某种特定的关系，这种关系适用于所有物种。

5.3.2.2　比叶重与单位面积氮含量之间关系的生理生态学意义

比叶重和单位面积氮含量是叶片尺度水碳权衡的重要指标（Niinemets，2001）。众所周知，随着水分的降低，比叶重和单位面积氮含量有逐渐升高的趋势（Bacelar 等，2004；Centritto 等，2002；Cornwell 等，2007）。虽然比叶重和单位面积氮含量较高代表单位面积建造成本的提高，并且很有可能降低氮的利用效率（Alvarez - Clare 等，2007；Collier 等，1996；Hikosaka，2004；Niinemets，2001；Wright 等，2001），但在干旱环境中比叶重和单位面积氮含量高的叶片对植物的生长却十分有利，特别是对水分保持（Duursma 等，2006；Shields，1950；Witkowski 等，1991）和单位面积碳固定能力的提高（Hikosaka，2004）有重要的意义。干旱环境下比叶重和单位面积氮含量的提高反映了植物以较高的建造成本和较低的光合氮利用效率来提高水分利用效率的策略。

总体而言，刺槐比叶重随着年均降水量的降低而升高（$N =31$，$r = -0.40$，$p < 0.05$）。B 段和 C 段叶片的比叶重和 N_{area} 明显大于 A 段（$p < 0.05$）。然而，在 B 段和 C 段比叶重与 N_{area} 之间的正相关关系却发生了改变 [图 5.3（b），表 5.4]。这意味着比叶重较高的叶片在建造成本提高的同时，单位面积光合潜力很可能降低。无论在低降水量地区还是在高降水量地区，种间 N_{area} 随比叶

重的升高而升高［图 5.4（e）～图 5.4（h）］。刺槐种内比叶重 $-N_{area}$ 转折点的存在也许是刺槐对干旱环境适应调节失败的一个表征，可以用来解释北部地区出现"小老头树"和枯树的现象。种间解剖结构的多样性以及一些特化结构可以弥补单物种调节的限制。根据 He 等（2009）的研究，气候和土壤变化引起的物种更替是大尺度环境变化下物种叶属性变化的最重要组成部分，对植物的适应性有重要意义。

5.3.3　表型可塑性和物种更迭

环境变化引起的表型变异反映了物种对当地环境条件的适应性调整（Dorn 等，2000；Relyea，2002），而可塑性较高的物种一般可在较大范围内很好地生长（Nicotra 等，2010；Sultan，2000）。对于在干旱环境中生长的植物来说，与水利用策略有关的叶属性的可塑性对植物的生长尤为重要，例如，较高的比叶重和单位面积氮含量，较低的相对生长速率（Poorter 等，2009；Wright 等，2004b）。在 B 段和 C 段，刺槐叶属性变异降低，反映了刺槐对干旱环境的适应性变差，这对刺槐在该地区的生长极为不利。

5.4　干旱条件下刺槐叶属性适应性

本书在叶属性研究的基础上，重点分析了人工刺槐林干旱条件下的适应性，主要结论如下：

（1）相对于研究区的其他物种，刺槐叶片单位质量氮含量高而比叶重低，代表一种资源的快速利用和消耗以获取更多生长的资源使用策略，在资源条件较好的环境下具有明显优势；而在资源相对匮乏的条件下，不利于短缺资源的有效利用。

（2）刺槐比叶重与营养元素之间的相关关系在大小和方向上都与种间极为相似。

（3）比叶重与单位面积氮含量之间的正相关关系反映了植物在干旱条件下以降低养分利用效率和提高建造成本为代价而提高水分

利用效率的生存策略。然而，随着干旱胁迫的加重，比叶重与单位面积氮含量之间的正相关关系变得不显著或者呈现负相关，这种转变意味着对于高比叶重叶片来说光合潜力降低的同时建造成本反而更高。

（4）刺槐种内比叶重和单位面积氮含量之间的正相关关系随降水量变化而变化，而研究区种间比叶重和单位面积氮含量之间的正相关关系不随降水量变化而变化。造成这种差异的可能原因为种间解剖结构的多样性以及一些特化结构能有效弥补单一物种在物种适应性方面的限制。

因此，在未来的植被建设中应考虑到物种的固有属性，而叶属性与植物适应性的关系需要进一步研究。

第6章 刺槐抗旱生理指标及其
与环境因子的关系

本章从水分特征和渗透压调节物质、过氧化物酶与膜质过氧化以及光合色素等方面对刺槐的干旱适应性进行分析。

植物组织含水量是表示植物组织水分状况的一个常用指标。对于正常生长的组织，含水量的多少直接影响植物的生长状况。由于叶片水分含量在一天中的不同时段变化较大，而饱和含水量是植物经过长期的环境适应而逐渐形成的，相对较为稳定。因此，研究中以饱和含水量作为刺槐叶片水分特征的重要指标。持水力是植物在遇到极端干旱条件时表征植物水分保持能力的重要指标，其大小与植物遗传性、细胞特性和原生质胶体性质等一系列特征有关，是反映植物抗脱水能力和角质层保水力的综合指标。持水力越高，表明叶片保水力越强，抗旱性也越强。渗透压调节物质选择了两种研究较为广泛的物质：脯氨酸和可溶性糖。

以过氧化物酶为代表探讨抗氧化酶的变化以及刺槐叶片膜质过氧化情况。膜质过氧化程度用丙二醛来表征。

光合色素测定了叶绿素 a、叶绿素 b 和类胡萝卜素的含量。

6.1 研 究 方 法

6.1.1 抗旱生理指标的测定

6.1.1.1 水分含量及持水力
6.1.1.1.1 叶片饱和含水量测定
植物组织的含水量常用水分含量占鲜重或干重的百分比来

表示。在研究水分生理时，含水量是常用的水分生理指标。测定植物组织的鲜重、干重、饱和鲜重后计算叶片含水量生理指标。

（1）饱和鲜重测定。将在蒸馏水中浸泡 8～10h 的叶片取出，用吸水纸吸干表面水分，立即称重，即为饱和鲜重。

（2）干重测定。将测定完饱和鲜重的植物叶片带回实验室，装入纸袋中，在烘箱中 80℃烘 12h。取出纸袋，放入干燥器中冷却至室温，称干重。

（3）计算。

$$SWC=(SFW-DW)/SFW\times100\% \qquad (6.1)$$

式中：SWC 为叶片饱和含水量，%；SFW 为叶片饱和鲜重，g；DW 为叶片干重，g。

6.1.1.1.2　叶片持水力测定

持水力是植物耐旱性的一个重要指标，是指离体叶片保持体内水分的能力，可以反映植物原生质的耐脱水能力和叶片角质层的保水能力，也可以据此比较或推断植物耐受干旱胁迫的能力。在一定时间内含水量越高，表明叶片保水力越强，抗旱性也越强。测定方法如下：

（1）采集刺槐叶片于蒸馏水中浸泡 8～10h。

（2）取出叶片，用吸水纸吸干表面水分，立即称重。

（3）将称完重的叶片置于不吸水的塑料薄板上，放在不受阳光直射和散射的背阴处，使叶片自然失水。

（4）每隔 1h 测定叶片质量，随着叶片失水速率减缓，测定间隔加大。

（5）将失水叶片带回实验室，80℃烘干至恒重，计算干重。

（6）以失水时间为横坐标以叶片重量为纵坐标绘制叶片失水曲线。

（7）失水速率的计算。通过燕儿沟刺槐叶片 140h 失水曲线（图 6.1）的绘制发现，刺槐失水曲线特征为：最初的几十个小时，刺槐叶片失水速率较为恒定，叶片水分呈直线下降趋势，而后失水速率变缓，最终叶片质量不再变化。据此特征，本书中以叶片前12h失水速率作为叶片持水力标准。

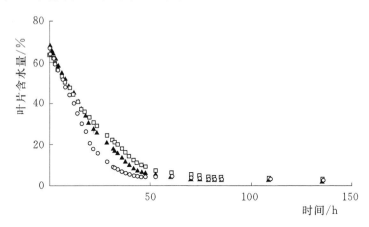

图 6.1　燕儿沟刺槐叶片 140h 失水曲线

6.1.1.2　渗透压调节类物质

6.1.1.2.1　脯氨酸

用磺基水杨酸提取植物样品，使脯氨酸游离于磺基水杨酸溶液中，然后用酸性茚三酮加热处理，使茚三酮与脯氨酸反应生成稳定红色化合物，接着用甲苯萃取红色化合物，此化合物在 520nm 波长下有吸收峰。测定方法如下：

（1）脯氨酸标准曲线的制作。取 6 支试管，按照表 6.1 配制 $0\mu g$、$2\mu g$、$4\mu g$、$6\mu g$、$8\mu g$、$10\mu g$ 的脯氨酸标准溶液（表 6.1）。

表 6.1　　　　　　　　　　脯氨酸标准溶液配制

试　　剂	试管编号及配比					
	0	1	2	3	4	5
$10\mu g/mL$ 脯氨酸标准液/mL	0	0.2	0.4	0.6	0.8	1.0
蒸馏水/mL	2	1.8	1.6	1.4	1.2	1.0
冰醋酸/mL	2	2	2	2	2	2
2.5%酸性茚三酮/mL	2	2	2	2	2	2
每管脯氨酸含量/μg	0	2	4	6	8	10

注　2.5%酸性茚三酮溶液配制：将 1.25g 茚三酮溶于 30mL 冰醋酸和 20mL 浓度为 6mol/L 磷酸中，搅拌加热（70℃）溶解，储于冰箱中。

将脯氨酸标准溶液置于沸水中加热30min，取出冷却，各试管再加入4mL甲苯，振荡30s，静置片刻，使色素全部转至甲苯溶液。

用注射器轻轻吸取各管上层脯氨酸甲苯溶液至比色杯中，以甲苯溶液为空白对照，在520mm波长处测定吸光度（A）值。

（2）样品中脯氨酸的提取。称取不同处理的植物叶片各0.5g，分别置于试管中，然后向各试管分别加入3％的磺基水杨酸溶液5mL，在沸水浴中提取10min（提取过程中要经常摇动），冷却后过滤于干净的试管中，滤液即为脯氨酸的提取液。

（3）显色与萃取。吸取2mL提取液于带玻璃塞的试管中，加入2mL冰醋酸及2.5％酸性茚三酮试剂2mL，在沸水浴中加热30min，溶液即呈红色。冷却后加入4mL甲苯，摇荡30s，静置片刻，取上层液至10mL离心管中，以3000r/min离心5min。

（4）测定。用注射器轻轻吸取各管上层脯氨酸甲苯溶液至比色杯中，以甲苯溶液为空白对照，在520mm波长处测定吸光度（A）值。

（5）浓度计算。从标准曲线上查出样品测定液中脯氨酸的含量，依据式（6.2）计算样品中脯氨酸含量：

$$PC = (S \times L)/(W \times L_u) \tag{6.2}$$

式中：PC为脯氨酸含量，10^{-6}g/g鲜重；S为从标准曲线中查得的脯氨酸含量，μg；L为提取液总量，mL；W为样品鲜重，g；L_u为测定时提取液用量，mL。

6.1.1.2.2 可溶性糖（TSS）

植物体内的可溶性糖主要是指能溶于水及乙醇的单糖和寡聚糖。在浓硫酸作用下，糖脱水生成的糠醛或羟甲基糠醛能与苯酚缩合成一种橙红色化合物，在10～100mg/L范围内其颜色深浅与糖的含量成正比，且在485nm波长下有最大吸收峰，故可用比色法在此波长下测定。苯酚法可用于甲基化的糖、戊糖和多聚糖的测定，方法简单，灵敏度高，实验时基本不受蛋白质存在的影响，并且产生的颜色可稳定160min以上。实验方法如下：

（1）标准曲线的制作。取 20mL 刻度试管 11 支，从 0～10 分别编号，按表 6.2 加入溶液和水，然后按顺序向试管内加入 1mL 9％苯酚溶液，摇匀，5～20s 时间加入 5mL 浓硫酸，摇匀。比色液总体积为 8mL，在室温下放置 30min，显色。然后以空白为参比，在 485nm 波长下比色测定，以糖含量为横坐标，光密度为纵坐标，绘制标准曲线，求出标准直线方程。

表 6.2　　　　　　　　　苯酚法测可溶性糖标准曲线配制

试　　剂	试　管　编　号					
	0	1、2	3、4	5、6	7、8	9、10
100μg/L 蔗糖标准液/mL	0	0.2	0.4	0.6	0.8	1.0
蒸馏水/mL	2.0	1.8	1.6	1.4	1.2	1.0
蔗糖量/μg	0	20	40	60	80	100

（2）TSS 的提取。取新鲜植物叶片，擦净表面污物，剪碎混匀，称取 0.1～0.3g，共 3 份，分别放入 3 支刻度试管中，加入 5～10mL 蒸馏水，塑料薄膜封口，于沸水中提取 30min（提取 2 次），提取液过滤入 25mL 容量瓶中，反复冲洗试管及残渣，定容至刻度。

（3）测定。吸取 0.5mL 样品液于试管中（重复 2 次），加蒸馏水 1.5mL，同制作标准曲线的步骤，按顺序分别加入苯酚、浓硫酸溶液，显色并测定光密度。由标准线性方程求出糖的量，计算测试样品中糖含量。

（4）计算方法：

$$TSS = S \times L \times D \times 106 \times 100\% / (L_u \times W) \qquad (6.3)$$

式中：TSS 为可溶性糖含量，％；S 为从标准曲线查得的糖含量，μg；106 为常数；L 为提取液体积，mL；D 为稀释倍数；L_u 为测定用样品液的体积，mL；W 为样品重量，g。

6.1.1.3　光合色素

叶绿体中的光合色素与类囊体膜相结合成为色素蛋白复合体。这些色素都不溶于水，而溶于有机溶剂，故可用乙醇、丙酮等有机溶剂提取。由于叶绿体中不同色素具有不同的吸收峰，因此利用分光光度计在某一特定波长下测定其光密度，即可计算出提取液中各色素的含量。实验方法如下：

（1）浸提。称取 0.5g 左右的叶片放在 50mL 的离心管中，加入 25mL 浓度为 80％的丙酮液，放在黑暗处浸提大约 36h 后取出。

（2）测定。浸提液稀释 4 倍后分别在波长 663nm、645nm、652nm 和 470nm 下测定光密度，以 80％的丙酮液为空白。

（3）色素浓度计算：

$$c_a = 13.95 D_{665} - 6.88 D_{649} \tag{6.4}$$

$$c_b = 24.96 D_{649} - 7.32 D_{665} \tag{6.5}$$

$$c_c = (1000 D_{470} - 2.05 c_a - 114 c_b)/245 \tag{6.6}$$

式中：D_{665}、D_{649}、D_{470} 分别为液体在 665nm、649nm、470nm 处的吸光度；c_a、c_b、c_c 分别为叶绿素 a、叶绿素 b 和类胡萝卜素的浓度。

（4）叶片色素含量计算：

$$c = c_i \times L \times D/W \tag{6.7}$$

式中：c 为叶绿体色素含量；c_i 为根据式（6.4）、式（6.5）、式（6.6）计算出的色素浓度；L 为提取液体积；D 为稀释倍数；W 为样品鲜重。

6.1.1.4　抗氧化指标

6.1.1.4.1　过氧化物酶（POD）

在有过氧化氢存在的情况下，过氧化物酶能使愈创木酚氧化，生成茶褐色物质，可用分光光度计测量生成物的含量。实验方法如下：

（1）酶液提取。称取植物材料 0.1g，加 20mmol/L 磷酸二氢钾 5mL，于研钵中研磨成匀浆，以 10000r/min 离心 10min，收集上清液并保存在冰箱中，所得残渣再用 20mmol/L 磷酸二氢钾 5mL 溶液提取一次，将两次上清液合并。

（2）酶活的测定。取比色皿 2 只，于一只中加入反应混合液 3mL 和磷酸二氢钾 1mL，作为校零对照，另一只中加入反应混合液 3mL 和上述酶液 1mL（如酶活性过高可适当稀释），立即开启秒表，于分光光度计 470nm 波长下测量吸光度值，每隔 30s 读数一次。

（3）酶活计算。以每分钟吸光度变化值 $\Delta A_{470}/(\min\cdot\mathrm{mg}$ 蛋白质）表示酶活大小，也可以用每分钟内 A_{470} 变化 0.01 为 1 个过氧化物酶酶活单位（U）表示。

$$POD_a=(\Delta A_{470}\times V_T)/(W\times V_s\times 0.01\times t) \tag{6.8}$$

式中：POD_a 为过氧化物酶酶活；ΔA_{470} 为反应时间内吸光度的变化；W 为植物鲜重；V_T 为提取酶液总体积；V_s 为测定时取用酶液体积；t 为反应时间。

6.1.1.4.2 丙二醛测定

丙二醛是衡量植物膜质过氧化损害程度的重要指标，可用硫代巴比妥酸法测定。在酸性和高温度条件下，丙二醛可以与硫代巴比妥酸反应，生成红棕色的 3,5,5-三甲基恶唑 2,4-二酮，其最大吸收波长为 532nm。但是，测定植物组织中丙二醛的过程受多种物质的干扰，其中最主要的是可溶性糖，可溶性糖与硫代巴比妥酸显色反应产物的最大吸收波长为 450nm，但波长 532nm 波长处也有吸收。实验方法如下：

（1）丙二醛的提取。称取剪碎的试材 1g，加入 10%三氯乙酸 2mL 和少量石英砂，研磨至匀浆，再加 8mL 三氯乙酸进一步研磨，匀浆以 4000（r/min）离心 10min，上清液为样品提取液。

（2）显色反应和测定。吸取离心的上清液 2mL（对照加 2mL 蒸馏水），加入 0.6%硫代巴比妥酸溶液 2mL，混匀后置于沸水上反应 15min，迅速冷却后再离心。取上清液测定 532nm、600nm 和 450nm 波长下的消光度。

（3）溶液中丙二醛浓度：

$$c=6.45(D_{532}-D_{600})-0.56D_{450} \tag{6.9}$$

式中：c 为丙二醛的浓度，$\mu\mathrm{mol/L}$；D_{450}、D_{532}、D_{600} 分别为 450nm、532nm 和 600nm 波长下的吸光度值。

（4）样品丙二醛含量：

$$MDA=C\times L_u/W \tag{6.10}$$

式中：MDA 为丙二醛含量，$\mu mol/g$；C 为丙二醛浓度，$\mu mol/L$；L_u 为提取液体积，mL；W 为植物组织鲜重，g。

6.1.2 统计分析

利用基本的统计分析方法计算样地中各指标的平均值及方差，如需比较不同类别间是否存在显著差异，则利用单因素方差分析进行比较，单因素方差分析采用 LSD 方法进行。利用相关分析计算了不同指标之间的 Pearson 相关系数和回归斜率等参数。为区分不同降水量区段各指标之间的回归斜率是否有显著差异，采取标准化主轴（SMA）的方法对回归的斜率和截距进行检验。

SMA 分析在 R 2.10.1 软件中借助 MATR 软件包完成（Warton 等，2006），其他统计分析采用 SPSS 15.0 完成。

6.2 研 究 结 果

6.2.1 水分特征及渗透压调节

刺槐叶片饱和含水量为 $57\%\sim73\%$。在区域上，虽然刺槐叶片饱和含水量与降水量呈显著正相关（$r=0.464$，$p<0.01$），但不同林龄刺槐叶片饱和含水量随降水量变化未表现出明显趋势。同一流域刺槐叶片饱和含水量随林龄变化未表现出明显升高或降低趋势。不同林龄段饱和含水量在区域上未有显著差异，然而随林龄增加，叶片含水量标准差逐渐变小，在整个区域上趋于稳定。$30\sim45$ 年刺槐叶片饱和含水量区域波动最小，范围为 $58.5\%\sim62.5\%$〔图6.2、图 6.3（a）〕。任家台 5 年生刺槐叶片含水量最高；而最低值同样是 5 年生刺槐，位于燕儿沟流域。

图 6.2 中横坐标为样地所在地名的简写，其中 Zjy 为赵家塬、Lw 为柳湾、Rjt 为任家台、Yr 为燕儿沟、Zf 为纸坊沟、Ljh 为梁家河、ZD 为志丹、Dng 为大南沟、Wcp 为吴仓堡、SD 为绥德、Gxg 为高西沟，下同。

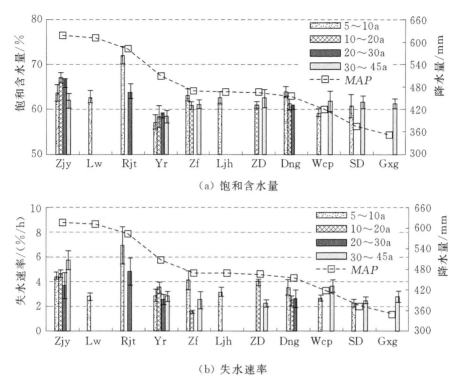

（a）饱和含水量

（b）失水速率

图 6.2　刺槐饱和含水量与失水速率

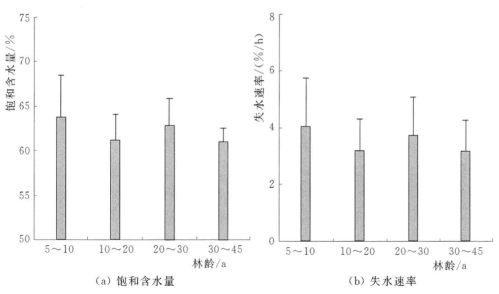

（a）饱和含水量

（b）失水速率

图 6.3　不同林龄刺槐叶片饱和含水量与失水速率

不同林龄组叶片失水速率无显著差异 [图 6.3 (b)]。随降水量减少，叶片失水速率呈递减趋势 (图 6.4)，然而不同林龄组失水速率与降水量之间的相关关系不明显，在燕儿沟流域以北，刺槐叶片失水速率较为稳定。同一流域不同林龄叶片失水速率未表现出明显升高或降低趋势。任家台 5 年刺槐叶片失水速率最高为 6.98%/h，其饱和含水量最高也达到 72%；失水速率最低（也就是保水力最高）的叶片为纸坊沟 13 年刺槐，其失水速率为 1.59%/h，叶片饱和含水量为 61%。

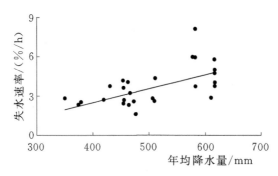

图 6.4　年均降水量与失水速率之间的关系

林龄大于 30 年的刺槐，叶片中脯氨酸含量明显大于 0~30 年刺槐。如在赵家源、志丹、吴仓堡和绥德地区，30 年或 45 年刺槐叶片脯氨酸明显高于其他年份刺槐叶片中的含量 [图 6.5 (a)]。在吴仓堡，35 年刺槐叶片脯氨酸含量平均值是 8 年刺槐叶片的 8.9 倍，也是区域脯氨酸含量最高的叶片，达到 31.3×10^{-8} g/g；然而在燕儿沟和纸坊沟，大于 30 年刺槐叶片中脯氨酸含量未表现出明显增加现象；纸坊沟 30 年刺槐叶片脯氨酸含量仅为 12.2×10^{-8} g/g [图 6.5 (a)]。脯氨酸含量在不同林龄刺槐叶片间差异较大，表现为随林龄的增加而增加，但由于脯氨酸含量变异较大，因此在 5~10 年、10~20 年和 20~30 年林龄之间差异不显著 [图 6.6 (a)]。脯氨酸含量与年均降水量之间相关关系不显著（$r = 0.256$，$p = 0.165$，$N = 31$）；0~30 年生刺槐叶片脯氨酸含量随年均降水量减少先增后减，30~45 年刺槐叶片脯氨酸含量随年均降水量减少而呈现略微增加趋势（图 6.7）。

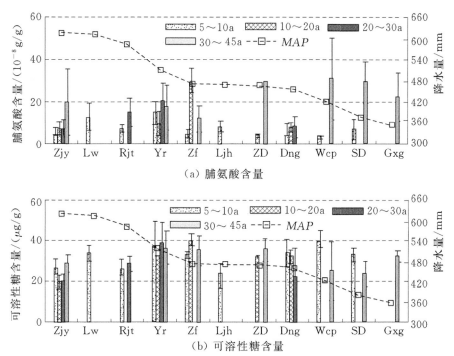

图 6.5 刺槐渗透压调节物质随年均降水量和林龄的变化趋势

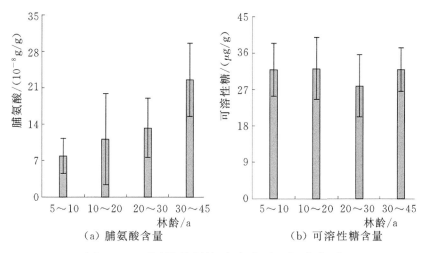

图 6.6 不同林龄刺槐叶片渗透压调节物质

可溶性糖含量范围为 $19.7 \sim 43.1 \mu g/g$。与脯氨酸含量不同，可溶性糖含量在不同林龄刺槐叶片间无显著差异 [图 6.6（b）]。

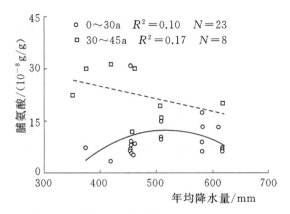

图 6.7　脯氨酸含量随年均降水量变化趋势

可溶性糖含量与年均降水量无显著相关关系 ($p = 0.121$)，在区域上呈现随年均降水量升高先升高再降低的趋势 [图 6.8]。同一流域中，可溶性糖随林龄变化趋势也不明显。

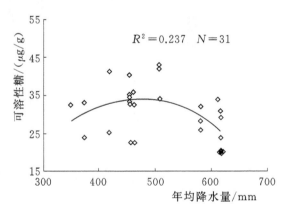

图 6.8　可溶性糖含量随年均降水量变化趋势

除渗透压调节物质和水分特征以外，叶片结构对于持水力也有较大影响。因此在分析失水速率与各指标相互关系时，引入比叶重为叶片结构指标。

从不同区段失水速率与渗透压调节物质以及叶片水分特征和结构指标的相关性结果来看，在区域尺度上，失水速率与饱和含水量呈显著正相关 [图 6.9 (a)]，而与脯氨酸、可溶性糖、比叶重都呈现显著负相关 [图 6.10 (a)、图 6.11 (a)、图 6.12 (a)]。

4 个指标中与失水速率相关性最大的为饱和含水量，相关系数达到 0.59，其次为比叶重。然而，在不同降水量区段，各指标与失水速率之间的关系相当不稳定：B 段饱和含水量与失水速率的关系不再明显 [图 6.9 (b)]；B 段脯氨酸与失水速率显著相关，而在 A 和 C 两段失水速率和脯氨酸没有明显相关关系 [图 6.10 (b)]；在不同降水量区段，可溶性糖和比叶重与失水速率相关性均不再显著 [图 6.11 (b) 和图 6.12 (b)]。

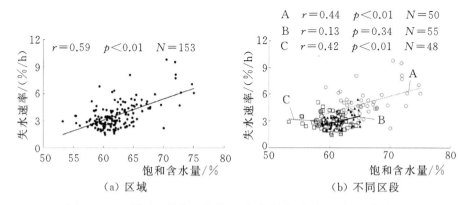

图 6.9　区域和不同区段饱和含水量与失水速率相关分析

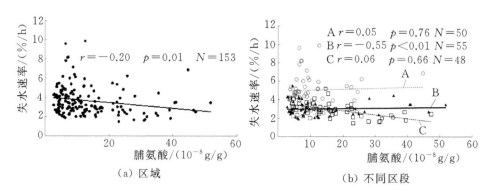

图 6.10　区域和不同区段脯氨酸与失水速率相关分析

从不同林龄来看，饱和含水量、比叶重和可溶性糖与 0～10 年刺槐叶片失水速率显著相关，相关系数分别为 0.78、−0.38 和 −0.68，高于区域整体相关系数（0.59、−0.26 和 −0.43） [图 6.13 (a)、图 6.13 (b)、图 6.13 (d)]；脯氨酸和可溶性糖与 10～

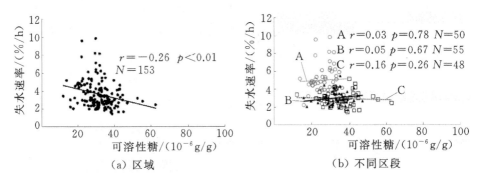

图 6.11 区域和不同区段可溶性糖与失水速率相关分析

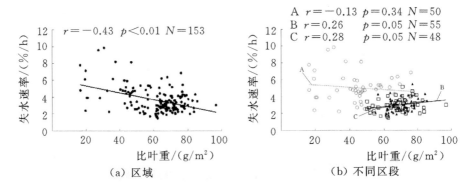

图 6.12 区域和不同区段比叶重与失水速率相关分析

20 年生刺槐叶片失水速率呈显著相关，相关系数分别为 -0.52 和 -0.34，也高于区域总体相关系数 (-0.20 和 -0.26) [图 6.13 (c)、图 6.13 (d)]；20~30 年和 30~45 年生刺槐叶片失水速率与各指标均无显著相关关系 (图 6.13)。

6.2.2 抗氧化酶与膜质过氧化

6.2.2.1 过氧化物酶酶活和丙二醛变异分析

本书计算了两种过氧化物酶酶活表示方式，一种是单位鲜重过氧化物酶酶活，另一种是单位蛋白过氧化物酶酶活。如表 6.3 和图 6.14、图 6.15 所示，不同林龄组间虽然平均值差异较大，但由于指标变异较大，因此平均值间差异不显著。

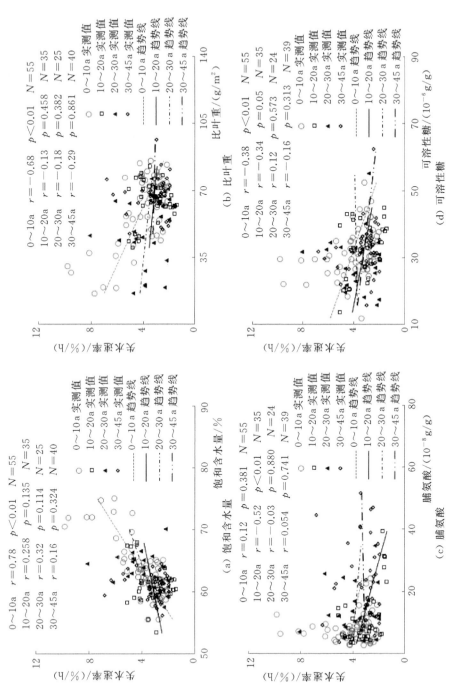

图 6.13 不同林龄刺槐叶片失水速率与其他指标的相关关系

表 6.3　　不同林龄过氧化物酶酶活和丙二醛含量比较

林龄/a	过氧化物酶酶活 /(U/mg 鲜重)	可溶性蛋白含量 /(mg/g 鲜重)	丙二醛含量 /(10⁻⁶mol/g)	过氧化物酶酶活 /(U/mg 蛋白)
$0\sim10(N=9)$	$(74.8\pm45.0)a$	$(28.3\pm14.8)a$	$(3167\pm933)a$	$(0.107\pm0.028)a$
$10\sim20(N=5)$	$(67.8\pm28.1)a$	$(31.2\pm8.0)a$	$(2639\pm717)a$	$(0.127\pm0.029)a$
$20\sim30(N=4)$	$(102.5\pm43.4)a$	$(37.2\pm5.1)a$	$(2950\pm1111)a$	$(0.122\pm0.043)a$
$30\sim45(N=7)$	$(69.9\pm19.6)a$	$(30.6\pm3.8)a$	$(2396\pm582)a$	$(0.109\pm0.049)a$

注　表中（平均值±标准差）后标注字母表示不同林龄叶片过氧化物酶酶活和丙二醛
含量平均值的差异，若字母相同则表示差异不显著。

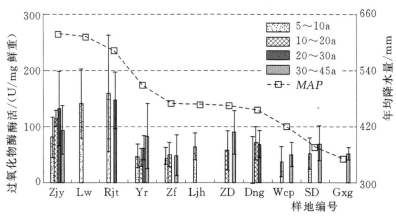

（a）单位鲜重过氧化物酶酶活

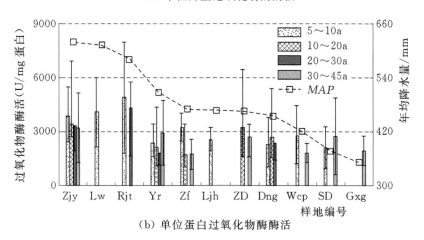

（b）单位蛋白过氧化物酶酶活

图 6.14　过氧化物酶酶活随年均降水量和林龄的变化趋势

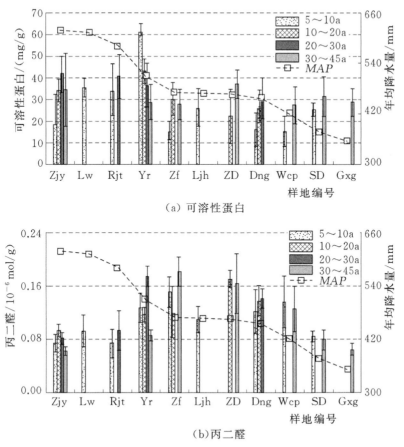

图 6.15 可溶性蛋白和丙二醛随年均降水量和林龄的变化趋势

随降水量的减少，单位鲜重过氧化物酶酶活整体呈降低趋势（$r=0.668$，$p<0.01$）；0～30 年刺槐林降低趋势最为明显，30～45 年刺槐虽降低但趋势不明显［图 6.16（a）］。而在不同流域单位鲜重过氧化物酶酶活随林龄的增长分别呈先增长后减少、不明显增加的趋势或无明显变化的趋势。可溶性蛋白含量与降水量之间的相关关系不显著［图 6.16（b）］。与单位鲜重过氧化物酶酶活相一致，单位蛋白过氧化物酶酶活也随降水量的降低而降低（$r=0.573$，$p<0.01$）；然而这种趋势仅在 0～10 年刺槐林龄组显著，在其他林龄组，单位蛋白过氧化物酶酶活随降水量减少而降低的趋势不明显［图 6.16（c）］。随降水梯度丙二醛却呈现先升高后降低的趋势，二次多项式拟合 r 值为 0.63；不同林龄组丙二醛随降水量也呈现先升

高后降低趋势，且 r 值较大 ［图 6.16 （d）］，最大值出现在纸坊沟 30 年刺槐叶片，达到 $0.181×10^{-6}mol/g$，最低值在赵家墕 30 年刺槐林。

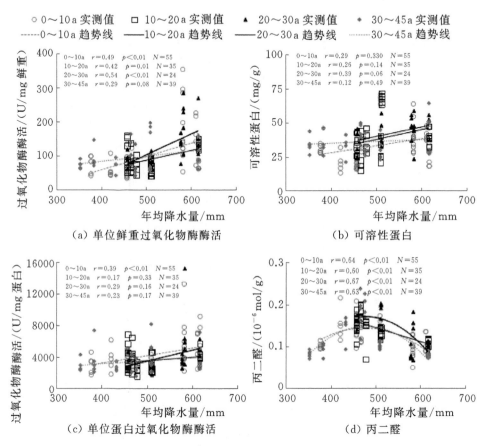

图 6.16　不同林龄组丙二醛和过氧化物酶酶活随年均降水量变化

6.2.2.2　过氧化物酶与膜质过氧化相关关系

区域尺度单位鲜重和单位蛋白计算的过氧化物酶酶活与丙二醛含量均呈显著负相关，但相关系数较低 ［图 6.17 （a）、图 6.18 （a）］；如按年均降水量分成 3 个区域时，各区域过氧化物酶酶活和丙二醛含量之间负相关性不显著 ［图 6.17 （b）、图 6.18 （b）］；按林龄分组后，过氧化物酶酶活与丙二醛之间的负相关关系仅在0～10 年林龄组刺槐内显著，其他林龄组刺槐丙二醛和过氧化物酶酶活间相关系数接近显著临界值，但在 0.05 水平上不显著（图 6.19）。

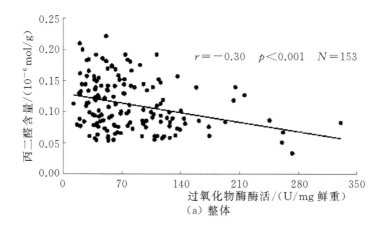

（a）整体

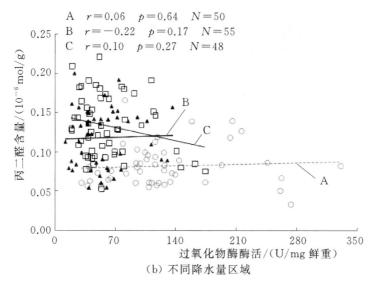

（b）不同降水量区域

图 6.17　单位鲜重过氧化物酶酶活与丙二醛含量关系

6.2.3　光合色素

6.2.3.1　光合色素含量随降水量和林龄变化趋势

　　从表 6.4、表 6.5 和图 6.20 分析可知：区域上叶绿素 a、叶绿

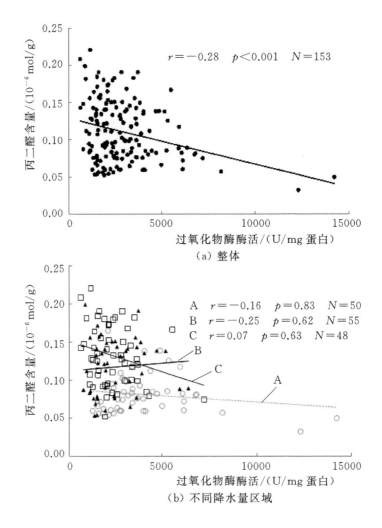

图 6.18　单位蛋白过氧化物酶酶活与
丙二醛含量的关系

素 b 和总叶绿素随年均降水量减少呈降低趋势，A 段叶绿素 a、叶
绿素 b 和总叶绿素显著大于 B 段和 C 段；类胡萝卜素含量与年均降
水量之间无显著相关，各分区含量无显著差异；随干旱程度加剧，
叶绿素 a/b 值升高而总叶绿素与类胡萝卜素比值降低，C 段叶绿素
a/b 值显著高于其他两个分区，而 A 段总叶绿素与类胡萝卜素比值
显著高于其他两个分区。

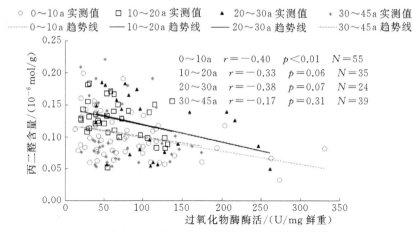

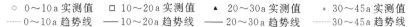

（a）单位鲜重过氧化物酶酶活与丙二醛的相关关系

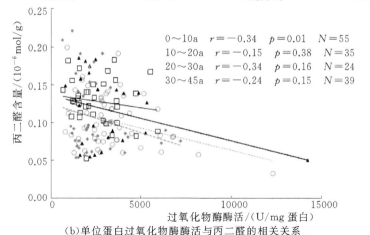

（b）单位蛋白过氧化物酶酶活与丙二醛的相关关系

图 6.19　不同林龄组丙二醛和过氧化物酶酶活的相关关系

表 6.4　　光合色素含量及比值与年均降水量相关系数

项目	叶绿素 a /(mg/g)	叶绿素 b /(mg/g)	总叶绿素 /(mg/g)	类胡萝卜素 /(mg/g)	叶绿素 a/b	总叶绿素/ 类胡萝卜素
年均 降水量	0.37*	0.50**	0.41*	0.09	−0.49**	0.67**
林龄	0.16	0.11	0.15	0.16*	0.16	0.01

注　$*\ p<0.05$；$*\ *\ p<0.01$，$N=149$。

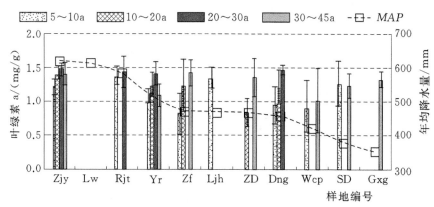

（a）不同样地和林龄组叶绿素 a 随年均降水量的变化

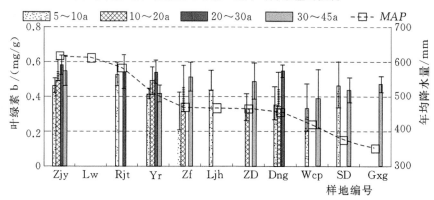

（b）不同样地和林龄组叶绿素 b 随年均降水量的变化

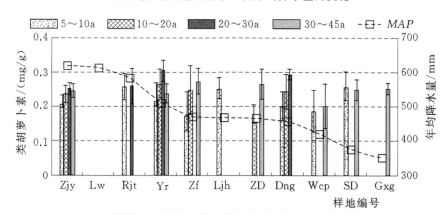

（c）不同样地和林龄组类胡萝卜素随年均降水量的变化

图 6.20（一）　不同降水量和林龄下光合色素与比值变化

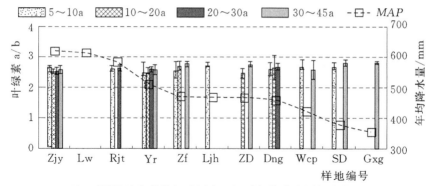

（d）不同样地和林龄组叶绿素 a/b 随年均降水量的变化

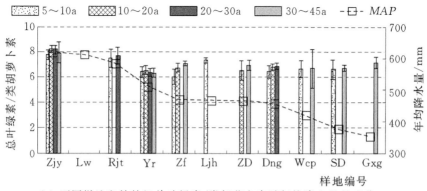

（e）不同样地和林龄组总叶绿素/类胡萝卜素随年均降水量的变化

图 6.20（二）　不同降水量和林龄下光合色素与比值变化

表 6.5　　　　　　　　不同降水量区段光合色素指标比较

分区	叶绿素 a /(mg/g)	叶绿素 b /(mg/g)	总叶绿素 /(mg/g)	类胡萝卜素 /(mg/g)	叶绿素 a/b	总叶绿素/ 类胡萝卜素
A（N=45）	(1.37± 0.19)a	(0.53± 0.08)a	(1.90± 0.27)a	(0.24± 0.04)a	(2.60± 0.11)b	(7.83± 0.67)a
B（N=50）	(1.21± 0.26)b	(0.46± 0.09)b	(1.68± 0.35)b	(0.25± 0.05)a	(2.62± 0.16)b	(6.67± 0.49)b
C（N=49）	(1.15± 0.32)b	(0.43± 0.12)b	(1.58± 0.44)b	(0.23± 0.05)a	(2.70± 0.19)a	(6.69± 0.67)b

注　表格中（平均值±标准差）后标注字母表示不同降水量区段光合色素含量平均值
　　的差异，若字母相同则表示差异不显著，若字母不同则表示差异显著。

上述指标中，只有类胡萝卜素含量与林龄呈显著正相关，虽然叶绿素 a 和叶绿素 a/b 值与林龄相关系数也较高，但未达到 0.05 水平上相关（表 6.4）。不同林龄分组方差分析结果表明：20～30

年林龄叶绿素 a、叶绿素 b、总叶绿素、类胡萝卜素含量均大于其他林龄组，且总叶绿素和类胡萝卜素比值也较高（表6.6）。光合色素含量随林龄的增加先增加后降低，这可能是后期相对生长速率降低的主要原因。不同林龄组降水量和光合色素各指标相关分析结果表明：0～10 年叶绿素 a，0～10 年、10～20 年叶绿素 b，0～10 年类胡萝卜素，0～10 年、10～20 年、20～30 年总叶绿素/类胡萝卜素与降水量呈显著正相关；30～45 年类胡萝卜素以及叶绿素 a/b 值与降水量呈显著负相关（图6.21）。

与以往研究不同，本书研究中叶绿素 a/b 值随降水量的降低而有所升高（表6.4）。

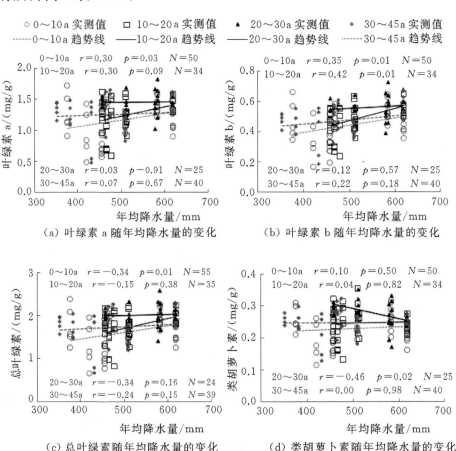

（a）叶绿素 a 随年均降水量的变化　　（b）叶绿素 b 随年均降水量的变化

（c）总叶绿素随年均降水量的变化　　（d）类胡萝卜素随年均降水量的变化

图 6.21（一）　不同林龄组光合色素随年均降水量的变化

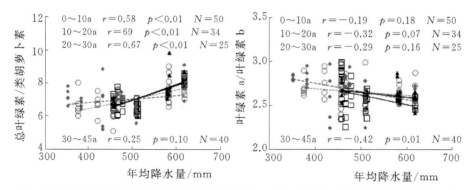

（e）总叶绿素/类胡萝卜素随年均降水量的变化　（f）叶绿素a/b随年均降水量的变化

图6.21（二）　不同林龄组光合色素随年均降水量的变化

表6.6　　　　　　　　不同林龄段光合色素指标比较

林龄/a	叶绿素a /(mg/g)	叶绿素b /(mg/g)	总叶绿素 /(mg/g)	类胡萝卜素 /(mg/g)	叶绿素 a/b	总叶绿素/ 类胡萝卜素
0～10 （N＝50）	(1.16± 0.29)b	(0.44± 0.11)b	(1.60± 0.40)b	(0.23± 0.05)b	(2.64± 0.16)a	(7.02± 0.83)ab
10～20 （N＝34）	(1.22± 0.27)b	(0.47± 0.10)b	(1.68± 0.37)b	(0.24± 0.05)b	(2.61± 0.19)a	(6.91± 0.70)b
20～30 （N＝25）	(1.44± 0.17)a	(0.55± 0.08)a	(1.99± 0.24)a	(0.27± 0.04)a	(2.61± 0.11)a	(7.38± 0.85)a
30～45 （N＝40）	(1.24± 0.27)b	(0.46± 0.10)b	(1.70± 0.36)b	(0.24± 0.04)b	(2.68± 0.17)a	(6.91± 0.80)b

注　表格中（平均值±标准差）后标注字母表示不同林龄组光合色素含量平均值的差异，若字母相同则表示差异不显著，若字母不同则表示差异显著。

6.2.3.2　光合色素及比值之间的相互关系

如图6.22所示，在不同降水量区域叶绿素a和b，以及叶绿素和类胡萝卜素含量都呈极显著正相关，整个区域和不同降水量分区均呈极显著正相关。各色素间比值较为稳定，叶绿素a、叶绿素b、类胡萝卜素的比例约为1：2.6：5.1。

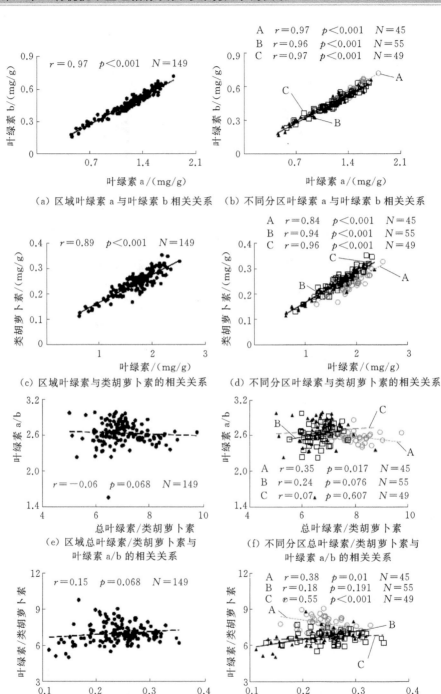

图 6.22　光合色素含量与比值之间的相关关系

6.3 抗旱生理指标与环境因子的关系

6.3.1 叶片水分相关特征与干旱适应性

干旱胁迫下的植物可通过多种适应调节机制适应干旱，而只有形成有效的水分利用策略的植物才能在干旱胁迫下存活。离体叶片失水速率与植物叶片渗透势密切相关，基本可反映植物叶片保水力和干旱胁迫下叶片维持细胞膨压以维持正常生理过程的能力。植物叶片失水速率受多种生物和非生物因素的影响，如叶龄、土壤水分、光强、大气蒸发力和土壤盐分等（Esch 等，1998）；在叶片尺度，叶片失水速率主要取决于叶片含水量、解剖结构（密度、厚度等）和渗透压调节物质等（Esch 等，1998；Garnier 等，1994）。

叶片饱和含水量是表征植物吸水力和持水力的重要指标，一般饱和含水量较大的叶片内部孔隙较大、结构松散，吸水较快失水也较快，在干旱胁迫时细胞变形较大，叶片正常生理生态活动较易受影响，因而抗旱性较差（Zimmermann 等，1979）。然而饱和含水量较高的叶片生理活性较大，对养分的利用能力较强，因此生长较快。Bandurska（2000）的研究表明，干旱胁迫下饱和含水量降低较多的物种细胞膜损伤程度较小。本书研究中，随着干旱胁迫加剧，物种饱和含水量降低，这与以往研究结果一致（Bandurska，2000；葛体达等，2005；马剑英等，2008）。然而，在区域上不同林龄刺槐叶片饱和含水量无显著差异，但饱和含水量变异随林龄的增加而降低。这一结果表明，叶片饱和含水量主要受环境因子影响，是叶片在当地各种环境的综合影响下形成的，因此同一流域不同林龄下叶片饱和含水量差异不大。植物长期适应干旱环境并不能改变饱和含水量的绝对值，但有可能通过增强细胞壁弹性，减小含水量的波动范围，这有利于保持细胞形状维持较高细胞膨压（Zimmermann 等，1979）。由于长期适应以及极度干旱条件下饱和含水量变异降低，使得仅 10～45 年刺槐叶片饱和含水量以及干旱胁迫较严重地区饱和含水量与叶片失水速率之间相关关系不明显。而 0～10 年刺槐饱和含水量与失水速率之间呈显著负相关，如任家台 5 年刺槐叶片失水速率最高，其饱和含水量也最高；失水速率最低的叶片为纸坊沟 13 年刺槐，其失水速率为 1.59%/h，叶片饱和含水量较低。因此，在区域尺度上，饱和含水量和失水速率调整对刺槐的干旱适应性有重要意义，流域尺度上刺槐主要通过缩小饱和含水量变异范围来增强物种适应性。

比叶重是植物叶片结构的重要指标，比叶重较高的叶片一般叶片密度较高，因此持水力较高（Duursma 等，2006；Poorter 等，2009；Shields，1950；Witkowski 等，1991）。本书研究中的叶片持水力随比叶重的升高而降低。但在北部地区，随比叶重的升高，失水速率呈升高趋势，这也许与极度干旱条件下细胞膜稳定性降低有关（Blum 等，1981）。

本书研究中脯氨酸含量随林龄增加呈现出明显差异。30～45年刺槐叶片脯氨酸含量明显高于其他林龄组，且在南部水分条件较好的赵家塬，恢复 30 年人工刺槐叶片脯氨酸含量也显著高于其他林龄组脯氨酸含量，这表明刺槐脯氨酸含量受林龄影响较大。最初，0～30 年刺槐叶片脯氨酸含量随降水量的减少呈缓慢升高趋势，这与以往研究结果相一致（Vanrensburg 等，1993）。然而，随着降水量的进一步降低，叶片脯氨酸含量呈降低趋势。可溶性糖类随林龄未呈现明显增加或降低趋势，其在区域上随干旱胁迫先增后降。因此，脯氨酸调节是流域尺度刺槐适应性调节的重要策略；在干旱胁迫较轻地区，脯氨酸和可溶性糖的增加对植物干旱适应性有一定意义，然而随着胁迫的进一步加重，二者含量呈降低趋势，因此对物种干旱适应性没有太大帮助。

综上所述，在整个区域，饱和含水量变化对失水速率影响最大，其次为比叶重，最后为脯氨酸和可溶性糖。

6.3.2　干旱胁迫与膜质过氧化

干旱胁迫下植物可通过增加叶片抗氧化酶含量来有效清除活性氧，以缓解氧化胁迫。过氧化物酶参与多种生理代谢，具有催化多种细胞壁结构成分的合成、控制细胞的生长发育、清除活性氧等作用（Dionisio-Sese 等，1998），过氧化物酶主要清除过氧化物自由基。干旱胁迫下叶片内过氧化物酶酶活的增加对清除活性氧具有重要作用，会显著提高植物对干旱的适应性（Gajewska 等，2006）。然而在本书研究中，随降水量的减少单位鲜重和单位蛋白过氧化物酶酶活呈现降低趋势，区域上不同林龄组单位鲜重过氧化物酶酶活均呈现不同程度的降低趋势，但在不同林龄组之间过氧化物酶酶活无显著差异。说明刺槐叶片过氧化物酶活性主要受环境因子的影响，由于在干旱胁迫加重时，过氧化物酶酶活反而降低，因此对刺槐适应性非常不利。

抗氧化酶系统对干旱胁迫的反应与胁迫的强度和持续时间有关。在以往许多研究中，在分析干旱胁迫下抗氧化酶系统变异以及对植物抗旱性影响时，胁迫时间一般为几天至一个月（Dionisio-Sese 等，1998；Fu 等，2001；Gajewska 等，2006）。然而，自然界中植物所经历的干旱胁迫往往历时较长。根据袁琳等（2005）的研究，在最初 5 天，超氧化物歧化酶、过氧化物酶和过氧化氢酶酶活迅速升高，之后呈下降趋势。本书研究中不同分区结果表明，仅在 0～10 年林龄刺槐中酶活与丙二醛呈显著负相关。因此，在持续干旱条件下过氧化物酶酶活在适应性调节中失去作用。

植物未受胁迫时，植物细胞内活性氧的产生和消除处于动态平衡状态，活性氧水平很低，不会对细胞产生伤害。然而当植物受到胁迫时，活性氧积累，导致细胞膜受损，产生丙二醛。细胞膜系统的稳定性对植物生理过程的正常进行至关重要，膜质过氧化程度是细胞膜受损程度的重要指标，而膜质过氧化产物丙二醛可很好地表征细胞膜稳定性。在南部地区，随着降水量减少丙二醛呈显著升高趋势，在降水量为 480mm 左右达到最大，之后随着降水量的进一步降低而降低。最初，丙二醛的升高可能源自干旱胁迫导致活性氧的含量增多，而过氧化物酶和一些其他酶以及生物小分子不足以保护细胞膜，因而造成膜质过氧化现象加重，这与以往研究结果相似（Dionisio-Sese 等，1998）。而随着干旱胁迫的进一步加重，可能激发了生物体其他应激，例如超氧化物歧化酶、过氧化氢酶含量变化，以及其他保护性机制的激发，如叶黄素循环、减少叶绿素含量减少活性氧的产生、生物生物小分子含量升高清除活性氧等（Bandurska，2000；Gajewska 等，2006；Loggini 等，1999），从而有效清除活性氧，使得膜质过氧化损害降低。

6.3.3　光合色素调节在干旱适应性中的作用

叶绿素含量的变化，既可反映植物叶片光合作用功能的强弱，也可用以表征逆境胁迫下植物组织、器官的衰老状况，植物可通过光合色素含量的调节来适应环境（Javadi 等，2008；Pandey 等，2005）。本书研究中，干旱造成叶绿素 a、叶绿素 b 含量的降低，这意味着干旱胁迫下植物叶绿素合成代谢受阻，单位质量叶片光合潜力降低，但叶绿素含量的降低有利于减少光能吸收和活性氧的产生，因此可有效保护光合器官不受自由基损害（Demmigadams 等，1992；Gilmore，1997；Horton 等，1996；Niyogi 等，1998；Pandey 等，2005；Siefermannharms，1987）。然而，降低趋势仅在 0～20 年林龄的刺槐叶片中明显，在 20～45 年刺槐叶片中叶绿素随降水量降低趋势不明显。在区域上，类胡萝卜素未随降水量的降低而减少，这有利于植物减少叶片内活性氧的产生以及耗散过多的光能。总叶绿素与类胡萝卜素的比值在不同林龄间也稍有差异。北部地区叶绿素含量低，但类胡萝卜素含量并未降低，这也许是北部地区叶片膜质过氧化程度较轻的一个重要原因。

通过调整叶绿素 a/b 值来调节光能选择性吸收，也是植物应对干旱胁迫下氧自由基增加的一个重要策略，叶绿素 a/b 值的降低有利于植物降低干旱胁迫下自由基的生成（Johnson 等，1993）。然而，本书研究结果与预测结果相反，叶绿素 a/b 值并未随降水量的降低而降低，相反，叶绿素 a/b 值在干旱北部地区呈现较高值。叶绿素 a 和叶绿素 b 之间相关分析结果表明，刺槐叶片中两种叶绿素之间存在密切相关关系，相关系数达到 0.96 以上，二者之间回归截距为正，因此随叶绿素含量的降低叶绿素 a/b 值呈现升高趋势。

这表明刺槐叶片叶绿素变化受物种特性影响较大，叶绿素 a 与叶绿素 b 之间极高相关性体现了存在于其叶片中较为稳定的生理过程。此外，叶绿素和类胡萝卜素之间的相关关系也较密切，表明刺槐叶片各色素之间存在密切协调关系，反映的是植物内部各种生理生态过程的严密配合，同时，这种配合导致叶片一些指标可塑性降低，不利于适应环境胁迫。

6.4 抗旱生理指标对物种适应性的影响

本书研究通过刺槐水分特征、渗透压调节、抗氧化酶、膜质过氧化以及光合色素的变化分析了干旱胁迫下刺槐的适应策略，得出如下结论：

（1）在区域尺度上，饱和含水量和失水速率调整对刺槐干旱适应性有重要意义；在流域尺度上，刺槐主要通过缩小饱和含水量变异，以保持细胞形状维持较高细胞膨压来适应干旱环境。

（2）脯氨酸调节是流域尺度刺槐适应性调节的重要策略；在干旱胁迫较轻的地区，脯氨酸和可溶性糖的增加对植物干旱适应性有一定意义，然而随着胁迫的进一步加重，二者含量呈现降低趋势，因此对物种干旱适应性没有太大帮助。

（3）干旱胁迫下叶片饱和含水量降低是提高叶片持水力的重要途径，这可能包含细胞在结构以及生理过程中的多项调节。其他指标如脯氨酸、可溶性糖和比叶重对失水速率的贡献十分有限。

（4）刺槐叶片过氧化物酶活性受环境因子影响较大，干旱胁迫加重时，过氧化物酶酶活反而降低，因此对刺槐适应性非常不利。

（5）在轻度干旱胁迫下，随降水量降低，叶片膜质过氧化加重；然而，随着降水量的进一步降低，可能激发了生物体其他应激，例如超氧化物歧化酶、过氧化氢酶含量变化等，从而有效清除活性氧，使得膜质过氧化损害降低。

（6）叶绿素 a、叶绿素 b 随干旱胁迫的加重而降低，叶片光合潜力降低，但有利于保护光合器官不受自由基损害；类胡萝卜素含

量不随降水量变化而变化，这也许是北部地区叶片膜质过氧化程度
较轻的一个重要原因。

（7）叶绿素 a、叶绿素 b 和类胡萝卜素之间的密切相关关系反
映了刺槐各种色素之间的严密配合，这种关系导致叶片可塑性降
低，可能会对刺槐适应性产生影响。

第7章 结论与展望

7.1 结 论

作为典型的干旱和半干旱地区，黄土高原是我国生态环境较为脆弱的地区。过去的十几年，在黄土高原地区开展的各种植被恢复工作有效地减少了区域土壤侵蚀量，使得该地区的植被得到有效改善。然而，关于植被恢复工作应采取的方式，目前仍存在较大争议。不少学者报道了人工植被建设的一些负面影响，这些问题促使更多的学者思考如何有效地分析与评估造林的适宜性。在缺水的黄土高原，造林与水之间的关系以及造林树种适应性问题是评价造林工作适宜性的重要考虑因素。本书选取黄土高原腹地陕北地区作为研究对象，沿水分梯度选择了不同造林年限样地，研究了不同年均降水量条件下刺槐人工林土壤水分变化以及树种适应性，得到以下主要研究结论。

（1）陕北地区植物可用水资源主要来自于土壤水分，由于地下水埋藏较深，而上坡种植的刺槐林很难接收地表径流，加之该地区造林无人工灌溉措施，降水是土壤水分的唯一来源，基本可反映植物可获得水资源量的大小。区域上年均降水量可解释 1m 深土壤水分变异的 61%。

（2）在整个区域，1m 深土壤水分与林龄呈显著负相关，但在不同降水量范围内二者关系有所不同。在降水量充足地区（年均降水量 617mm），造林后土壤结构的改善可增加土壤含水量；随着降水量的减低（年均降水量 509mm），林木蒸腾耗水会造成土壤水的消耗，随着林木老化土壤水分可能逐渐恢复；而在降水量极其匮乏地区（年均降水量 352mm），土壤含水量较低，不能被植物所利用，因此随林龄增加土壤水分无明显变化趋势。

（3）刺槐生长对 20～60cm 有效根密集区土壤水分消耗明显。

（4）刺槐林下植被多样性表现出南北低中间高的特征；刺槐人工林密度、郁闭度随着降水量的减少而降低；干旱胁迫使刺槐径向生长受到影响，同时缩短了径向生长旺盛期的长度。

（5）刺槐叶片单位质量氮含量高而比叶重低，代表一种资源的快速利用和消耗以获取更多生长的资源使用策略；在资源条件较好的环境下具有明显优势；在资源相对匮乏的条件下，不利于短缺资源的有效利用。

（6）比叶重与单位面积氮含量之间的正相关关系反映了植物在干旱条件下以降低养分利用效率和提高建造成本为代价而提高水分利用效率的生存策略。然而，随着干旱胁迫的加重，比叶重与单位面积氮含量之间的正相关关系变得不显著或者呈现负相关。这种转变意味着对于高比叶重叶片来说，光合潜力降低的同时建造成本反而更高，这可以解释干旱胁迫下"小老头树"的形成。

（7）在区域尺度上，降低饱和含水量和失水速率对刺槐干旱适应性有重要意义；在流域尺度上，饱和含水量变异的缩小有助于植物减轻干旱胁迫，而增加脯氨酸和可溶性糖含量只在轻度干旱胁迫下起作用；重度干旱胁迫下脯氨酸和可溶性糖含量降低对刺槐干旱适应性不利。

（8）干旱胁迫下过氧化物酶酶活的降低很可能导致膜质过氧化胁迫加重，对物种生长和存活极为不利；然而，北部干旱胁迫较严重地区膜质过氧化的缓解可能是由于极度干旱条件下生物体其他抗旱机制的激发。

（9）干旱胁迫下刺槐降低叶绿素含量而维持类胡萝卜素在正常水平，这有利于叶片减少光能的吸收和增加过剩光能的耗散，有利于缓解干旱胁迫下诱发的氧化胁迫，是物种适应干旱胁迫的重要措施。然而，叶绿素的降低使叶片光合潜力受到影响，生长速率变缓。

7.2　建　议　和　展　望

作为干旱半干旱地区生态系统修复的重要举措之一，造林已经在世界范围内广泛实施。考虑到林地建设在增加碳储量，缓解气候变化方面的重要作用，未来干旱半干旱地区造林活动将进一步扩大。虽然同属干旱半干旱区，不同区域甚至同一区域的不同地区，气候、土壤、地形和其他一些环境条件都有较大变化。因此，因地制宜地选择恢复方式是人工植被恢复工作能否达到预期效果的关键。由于时间、个人水平所限，本书的研究成果仅涉及干旱半干旱地区造林适宜性中很小的一部分，还有许多领域需要深入探索。

通过本书的撰写和对目前造林情况的分析，作者认识到以下研究领域需要在今后的研究工作中予以考虑：

（1）造林对生态系统水循环的影响。在干旱半干旱地区，造林与水资源之间的关系是决定造林活动是否成功以及可持续的最主要的因子。目前这方面的研究较多，但通常只考虑众多水循环链条中的一个过程，例如，径流、土壤水、植被蒸腾等，较少综合分析造林后水循环过程的变化。然而，如要科学分析造林的生态影响以及适宜性，进行水循环过程分析和定量化研究十分必要。

（2）区域尺度研究。造林地域分布的广泛性和造林地环境的巨大变异，决定了同一造林活动在不同地区实施可能会有不同的效果，这就要求在开展造林活动时必须因地制宜，选择合适方案。因此，研究也应该具有区域化特征。

（3）结合生态系统服务功能，进行造林综合效益评价。目前针对造林的各种潜在影响均有研究，也获得了大量具有现实意义的成果，然而研究的最终目的在于指导实践活动，需要建立一系列可供权衡的指标体系，对各种恢复活动的利弊进行有效权衡。在权衡过程中，不但要考虑造林对人类利益的影响，还应把生态系统稳定性以及可持续性纳入这一评价体系。

（4）物种适应性研究。本书基于植物叶属性与生理生态指标在干旱胁迫下的变化，探讨了刺槐物种适应性，但关于物种适应性机理研究应进一步深化。例如，本书只研究了众多抗氧化酶系统中较为重要的一种（过氧化物酶），未涉及其他种类酶。对于处于干旱胁迫下的植物来说，抗氧化能力是表征物种适应性的重要指标，而关于这方面的研究目前较少。为进一步深入了解物种适应性，这方面的研究应进一步深化。

（5）制定规范，增强不同地区研究的可比性。由于受到时间、精力、资金的限制，目前的研究往往局限于某一地区和某一时间段，要探讨造林活动在不同地区的长期影响，需要把各个研究地点、不同时段的数据进行统一。为加强不同研究成果的可比性，应筛选出一系列关键因子（如物种生长状况因子、径流变化、土壤水分变化、土壤属性、物种生理生态反应等），制定研究规范。

参 考 文 献

曹扬，赵忠，渠美，等，2006. 刺槐根系对深层土壤水分的影响 ［J］. 应用生态学报，17 （5）：765 - 768.

陈杰，刘文兆，张勋昌，等，2008. 黄土高原沟壑区不同树种的水土保持效益及其适应性评价 ［J］. 西北农林科技大学学报 （自然科学版），36 （6）：97 - 104.

傅伯杰，陈利顶，邱扬，等，2002. 黄土丘陵沟壑区土地利用结构与生态过程 ［M］. 北京：商务印书馆.

傅伯杰，陈力顶，马克明，等，2001. 景观生态学原理及应用 ［M］. 北京：科学出版社.

葛体达，隋方功，张金政，等，2005. 玉米根、叶质膜透性和叶片水分对土壤干旱胁迫的反应 ［J］. 西北植物学报，25 （3）：507 - 512.

郭军权，卜耀军，张广军，2005. 黄土丘陵区植被恢复过程中土壤水分研究——以吴旗县为例 ［J］. 西北林学院学报，20 （4）：1 - 4.

韩蕊莲，侯庆春，1996. 黄土高原人工林小老树成因分析 ［J］. 干旱地区农业研究，14 （4）：104 - 108.

韩蕊莲，侯庆春，2003. 延安试区刺槐林地在不同立地条件下土壤水分变化规律 ［J］. 西北林学院学报，18 （1）：74 - 76.

何福红，黄明斌，党廷辉，2002. 黄土高原沟壑区小流域土壤水分空间分布特征 ［J］. 水土保持通报，22 （4）：6 - 9.

侯庆春，黄旭，1991. 黄土高原地区小老树成因及其改造途径的研究 ［J］. 水土保持学报，5 （1）：64 - 72.

胡良军，邵明安，2002. 黄土高原植被恢复的水分生态环境研究 ［J］. 应用生态学报，13 （8）：1045 - 1048.

蒋定生，刘梅梅，黄国俊，1987. 降水在凸-凹形坡上再分配规律研究 ［J］. 水土保持通报，7 （1）：45 - 50.

李洪建，王孟本，1996. 刺槐林水分生态研究 ［J］. 植物生态学报，20 （2）：151 - 158.

李军，陈兵，李小芳，等，2008b. 黄土高原不同植被类型区人工林地深层土壤干燥化效应 ［J］. 生态学报，28 （4）：1429 - 1445.

李军，王学春，邵明安，等，2010. 黄土高原半干旱和半湿润地区刺槐林地生物量与土壤干燥化效应的模拟 [J]. 植物生态学报，34 (3)：330 - 339.

李军，王学春，邵明安，等，2008. 黄土高原不同密度刺槐 (*Robinia pseudoacia*) 林地水分生产力与土壤干燥化效应模拟 [J]. 生态学报，28：3125 - 3142.

李玉山，1983. 黄土区土壤水分循环特征及其对陆地水分循环的影响 [J]. 生态学报，3 (2)：91 - 101.

刘秀萍，陈丽华，陈吉虎，2007. 刺槐和油松根系密度分布特征研究 [J]. 干旱区研究，24 (5)：647 - 651.

马剑英，陈发虎，夏敦胜，等，2008. 荒漠植物红砂 (*Reaumuria soongorica*) 叶片元素和水分含量与土壤因子的关系 [J]. 生态学报，28 (3)：983 - 992.

马祥华，白文娟，焦菊英，等，2004. 黄土丘陵沟壑区退耕地植被恢复中的土壤水分变化研究 [J]. 水土保持通报，24 (5)：23 - 27.

孟秦倩，王健，吴发启，2008. 黄土高原坡面刺槐林土壤水分环境的研究 [J]. 干旱地区农业研究，26 (4)：28 - 32.

苏杨. 2004. "三北" 25 年再回首 几多欢喜几多愁 [J]. 科技资讯，(3)：42 - 44.

孙中峰，张学培，朱金兆，2006. 晋西黄土区坡面刺槐林分生长规律研究 [J]. 农业系统科学与综合研究，22 (1)：46 - 49.

王百田，王颖，郭江红，等，2005. 黄土高原半干旱地区刺槐人工林密度与地上生物量效应 [J]. 中国水土保持科学，3 (3)：35 - 39.

王国梁，刘国彬，常欣，等，2002. 黄土丘陵区小流域植被建设的土壤水文效应 [J]. 自然资源学报，17 (3)：339 - 344.

王进鑫，王迪海，刘广全，2004. 刺槐和侧柏人工林有效根系密度分布规律研究 [J]. 西北植物学报，24 (12)：2208 - 2214.

王俊波，季志平，白立强，等，2007. 刺槐人工林土壤有机碳与根系生物量的关系 [J]. 西北林学院学报，22 (4)：54 - 56.

王力，邵明安，张青峰，2004. 陕北黄土高原土壤干层的分布和分异特征 [J]. 应用生态学报，15 (3)：436 - 442.

吴征镒，1980. 中国植被 [M]. 北京：科学出版社.

武思宏，朱清科，余新晓，等，2008. 晋西黄土区主要造林树种合理林分密度计算与分析 [J]. 水土保持研究，15 (4)：83 - 86.

徐秀琴，杨敏生，2006. 刺槐资源的利用现状 [J]. 河北林业科技，(Z1)：54 - 57.

尹婧，邱国玉，何凡，等，2008. 半干旱黄土丘陵区人工林叶面积特征 [J]. 植物生态学报，32（2）：440 – 447.

袁琳，克热木·伊力，张利权，2005. NaCl 胁迫对阿月浑子实生苗活性氧代谢与细胞膜稳定性的影响 [J]. 植物生态学报，29（6）：985 – 991.

张孝中，2002. 黄土高原土壤颗粒组成及质地分区研究 [J]. 中国水土保持，（3）：11 – 13.

赵世伟，周印东，吴金水，2002. 子午岭北部不同植被类型土壤水分特征研究 [J]. 西北林学院学报，16（4）：119 – 122.

ALLEN J C, 1983. A half century of reforestation in the Tennessee Valley [J]. Journal of Forestry, 51（2）：106 – 113.

ALMEIDA A C, SOARES J V, LANDSBERG J J, et al. , 2007. Growth and water balance of Eucalyptus grandis hybrid plantations in Brazil during a rotation for pulp production [J]. Forest Ecology and Management, 251（1 – 2）：10 – 21.

ALVAREZ V M, BAILLE A, MARTíNEZ J M M, et al. , 2006. Efficiency of shading materials in reducing evaporation from free water surfaces [J]. Agricultural Water Management, 84（3）：229 – 239.

ALVAREZ – CLARE S, KITAJIMA K, 2007. Physical defence traits enhance seedling survival of neotropical tree species [J]. Functional Ecology, 21（6）：1044 – 1054.

ANDREASSIAN V. 2004. Waters and forests, from historical controversy to scientific debate [J]. Journal of Hydrology, 291（1 – 2）：1 – 27.

ARISIA C M, CORNICG, JOUANINL, et al. , 1998. Overexpression of iron superoxide dismutase in transformed poplar modifies the regulation of photosynthesis at low CO^2 partial pressures or following exposure to the prooxidant herbicide methyl viologen [J]. Plant Physiology, 117（2）：565 – 574.

ARRIETA S, SUAREZ F, 2006. Scots pine (*Pinus sylvestris L.*) plantations contribute to the regeneration of holly (*Ilex aquifolium L.*) in mediterranean central Spain [J]. European Journal of Forest Research, 125（3）：271 – 279.

ASADA K, 1999. The water – water cycle in chloroplasts, Scavenging of active oxygens and dissipation of excess photons [J]. Annual Review of Plant Physiology and Plant Molecular Biology, 50（1）：601 – 639.

BACELAR E A, CORREIA C M, MOUTINHO – PEREIRA J M, et al. ,

2004. Sclerophylly and leaf anatomical traits of five field – grown olive culti-vars growing under drought conditions [J]. Tree Physiology, 24 (2): 233 – 239.

BANDURSKA H, 2000. Does proline accumulated in leaves of water deficit stressed barley plants confine cell membrane injury? I. Free proline accu-mulation and membrane injury index in drought and osmotically stressed plants [J]. Acta Physiologiae Plantarum, 22 (4): 409 – 415.

BARLOW J, MESTRE L A M, GARDNER T A, et al., 2007. The value of primary, secondary and plantation forests for Amazonian birds [J]. Bi-ological Conservation, 136 (2): 212 – 231.

BELLOT J, MAESTRE F T, CHIRINO E, et al., 2004. Afforestation with *Pinus halepensis* reduces native shrub performance in a Mediterranean semiarid area [J]. Acta Oecologica, 25 (1 – 2): 7 – 15.

BELLOT J, SANCHEZ J R, CHIRINO E, et al., 1999. Effect of different vegetation type cover on the soil water balance in semi – arid areas of south eastern Spain [J]. Physics and Chemistry of the Earth Part B – Hydrology Oceans and Atmosphere, 24 (4): 353 – 357.

BERTHRONG S T, JOBBAGY E G, JACKSON R B, 2009. A global meta – anal-ysis of soil exchangeable cations, pH, carbon, nitrogen with afforestation [J]. Ecological Applications, 19 (8): 2228 – 2241.

BIONDI F, PERKINS D, CAYAN D, et al., 1999. July temperature during the second millennium reconstructed from Idaho tree rings [J]. Ge-ophysical Research Letters, 26 (10): 1445 – 1448.

BLASING T J, DUVICK D, 1984. Reconstruction of precipitation history in North – American corn belt using tree rings [J]. Nature, 307 (5947): 143 – 145.

BLUM A, EBERCON A, 1981. Cell – membrane stability as a measure of drought and heat tolerance in wheat [J]. Crop Science, 21 (1): 43 – 47.

BOHNERT H J, SHEVELEVA E, 1998. Plant stress adaptations – making me-tabolism move [J]. Current Opinion in Plant Biology, 1 (3): 267 – 274.

BOIX – FAYOS C, DE VENTE J, ALBALADEJO J, et al., 2009. Soil car-bon erosion and stock as affected by land use changes at the catchment scale in Mediterranean ecosystems, Agriculture [J]. Ecosystems & Environ-ment, 133 (1): 75 – 85.

BORING L R, SWANK W T, 1984. The role of black locust (*Robinia –*

pseudoacacia) in forest succession [J]. Journal of Ecology, 72 (3): 749 – 766.

BRESHEARS D D, MYERS O B, JOHNSON S R, et al. , 1997. Differential use of spatially heterogeneous soil moisture by two semiarid woody species, *Pinus edulis and Juniperus monosperma* [J]. Journal of Ecology, 85 (3): 289 – 299.

BROWN A E, PODGER G M, DAVIDSON A J, et al. , 2007. Predicting the impact of plantation forestry on water users at local and regional scales – An example for the Murrumbidgee River Basin, Australia [J]. Forest Ecology and Management, 251 (1 – 2): 82 – 93.

BROWN A E, ZHANG L, MCMAHON T A, et al, 2005. A review of paired catchment studies for determining changes in water yield resulting from alterations in vegetation [J]. Journal of Hydrology, 310 (1 – 4): 28 – 61.

BRUIJNZEEL L A, 2004. Hydrological functions of tropical forests, not seeing the soil for the trees? [J]. Agriculture Ecosystems & Environment, 104 (1): 185 – 228.

BUSCH D E, SMITH S D, 1995. Mechanisms associated with decline of woody species in riparian ecosystems of the southwestern US [J]. Ecological Monographs, 65 (3): 347 – 370.

CACCIANIGA M, LUZZARO A, PIERCE S, et al. , 2006. The functional basis of a primary succession resolved by CSR classification [J]. Oikos, 112 (1): 10 – 20.

CAO S X, TIAN T, CHEN L, et al. , 2010. Damage Caused to the Environment by Reforestation Policies in Arid and Semi – Arid Areas of China [J]. Ambio, 39 (4): 279 – 283.

CAO S, CHEN L, LIU Z, et al. , 2008. A new tree – planting technique to improve tree survival and growth on steep and arid land in the Loess Plateau of China [J]. Journal of Arid Environments, 72 (7): 1374 – 1382.

CASTILLO V M, MARTINEZMENA M, ALBALADEJO J, 1997. Runoff and soil loss response to vegetation removal in a semiarid environment [J]. Soil Science Society of America Journal, 61 (4): 1116 – 1121.

CENTRITTO M, LUCAS M E, JARVIS P G, 2002. Gas exchange, biomass, whole – plant water – use efficiency and water uptake of peach (Prunus persica) seedlings in response to elevated carbon dioxide concen-

tration and water availability [J]. Tree Physiology, 22 (10): 699 – 706.

CHAITANYA K V, SUNDAR D, MASILAMANI S, et al, 2002. Variation in heat stress – induced antioxidant enzyme activities among three mulberry cultivars [J]. Plant Growth Regulation, 36 (2): 175 – 180.

CHAVES M M, 1991. Effects of water deficits on carbon assimilation [J]. Journal of Experimental Botany, 42 (1): 1 – 16.

CHIRINO E, BONET A, BELLOT J, et al. , 2006. Effects of 30 – year – old Aleppo pine plantations on runoff, soil erosion, plant diversity in a semi – arid landscape in south eastern Spain [J]. Catena, 65 (1): 19 – 29.

CHIRINO E, SANCHEZ J R, BONET A, et al. , 2001. Effects of afforest-ation and vegetation dynamics on soil erosion in a semi – arid environment [J]. Ecosystems and Sustainable Development, 46: 239 – 248.

COLLIER D E, GRODZINSKI B, 1996. Growth and maintenance respiration of leaflet, stipule, tendril, rachis, petiole tissues that make up the compound leaf of pea (*Pisum sativum*) [J]. Canadian Journal of Botany – Revue Canadienne De Botanique, 74 (8): 1331 – 1337.

CORDELL S, GOLDSTEIN G, MEINZER F C, et al. , 2001. Regulation of leaf life – span and nutrient – use efficiency of *Metrosideros polymorpha* trees at two extremes of a long chronosequence in Hawaii [J]. Oecologia, 127 (2): 198 – 206.

CORNELISSEN J H C, LAVOREL S, GARNIER E, et al. , 2003. A handbook of protocols for standardised and easy measurement of plant functional traits worldwide [J]. Australian Journal of Botany, 51 (4): 335 – 380.

CORNWELL W K, BHASKAR R, SACK L, et al. , 2007. Adjustment of structure and function of *Hawaiian Metrosideros polymorpha* at high vs low precipitation [J]. Functional Ecology, 21 (6): 1063 – 1071.

Cutler D F, 1978. Survey and identification of tree roots [J]. Arboriculture Journal, 3 (4): 243 – 246.

DANE J H, TOPP C, 1982. Methods of soil analysis [M]. Madison: A-merican Society of Agronomy and Soil Science Society of America.

DELUCIA E H, SCHLESINGER W H, 1991. Resource – use efficiency and drought tolerance in adjacent grean – basin and sierran plants [J]. Ecology, 72 (1): 51 – 58.

DEMMIGADAMS B, ADAMS W W, 1992. Photoprotection and other responses of plants to high light stress [J]. Annual Review of Plant Physiology and Plant Molecular Biology, 43 (1): 599 – 626.

DIONISIO – SESE M L, TOBITA S, 1998. Antioxidant responses of rice seedlings to salinity stress [J]. Plant Science, 135 (1): 1 – 9.

DORN L A, PYLE E H, SCHMITT J, 2000. Plasticity to light cues and resources in Arabidopsis thaliana, testing for adaptive value and costs [J]. Evolution, 54 (6): 1982 – 1994.

DOUGLASS A, 1914. A method of estimating rainfall by the growth of trees [J]. Bulletin of the American Geographical Society, 46 (5): 321 – 335.

DUURSMA R A, MARSHALL J D, 2006. Vertical canopy gradients in δ^{13}C correspond with leaf nitrogen content in a mixed – species conifer forest [J]. Trees – Structure and Function, 20 (4): 496 – 506.

DYE P, VERSFELD D, 2007. Managing the hydrological impacts of South African plantation forests, An overview [J]. Forest Ecology and Management, 251 (1 – 2): 121 – 128.

ENTERS T, DURST P, BROWN C, 2004. What does it take? The role of incentives in forest plantation development in Asia and the Pacific [M]. Bangkok: Asia – Pacific Forestry Commission.

ESCH A, MENGEL K, 1998. Combined effects of acid mist and frost drought on the water status of young spruce trees (*Picea abies*) [J]. Environmental and Experimental Botany, 39 (1): 57 – 65.

FANG J Y, CHEN A P, PENG C H, et al., 2001. Changes in forest biomass carbon storage in China between 1949 and 1998 [J]. Science, 292 (5525): 2320 – 2322.

FARLEY K A, JOBBAGY E G, JACKSON R B, 2005. Effects of afforestation on water yield, a global synthesis with implications for policy [J]. Global Change Biology, 11 (10): 1565 – 1576.

FOOD AND AGRICULTURE ORGANIZATION OF THE UNITED NATIONS (FAO), 2006. Global Forest Resources Assessment 2005 [M]. Rome: Food and Agriculture Organization of the United Nations.

FORTUNEL C, GARNIER E, JOFFRE R, et al., 2009. Leaf traits capture the effects of land use changes and climate on litter decomposability of grasslands across Europe [J]. Ecology, 90 (3): 598 – 611.

FOYER C H, NOCTOR G, 2000. Oxygen processing in photosynthesis, regulation and signalling [J]. New Phytologist, 146 (3): 359 – 388.

 参考文献

FRANCIS J K, PARROTTA J A, 2006. Vegetation response to grazing and planting of Leucaena leucocephala in a Urochloa maximum – dominated grassland in Puerto Rico [J]. Caribbean Journal of Science, 42 (1): 67 – 74.

FRANZLUEBBERS A J, 2002. Water infiltration and soil structure related to organic matter and its stratification with depth [J]. Soil and Tillage Research, 66 (22): 197 – 205.

FU J M, HUANG B R, 2001. Involvement of antioxidants and lipid peroxidation in the adaptation of two cool – season grasses to localized drought stress [J]. Environmental and Experimental Botany, 45 (22): 105 – 114.

FUKUTOKU Y, YAMADA Y, 1981. Sources of proline – nitrogen in water – stressed soybean (glycine – max l) . 1. protein – metabolism and proline accumulation [J]. Plant and Cell Physiology, 22 (88): 1397 – 1404.

GAJEWSKA E, SKLODOWSKA M, SLABA M, et al. , 2006. Effect of nickel on antioxidative enzyme activities, proline and chlorophyll contents in wheat shoots [J]. Biologia Plantarum, 50 (44): 653 – 659.

GARNIER E, LAURENT G, 1994. Leaf anatomy, specific mass and water – content in congeneric annual and perennial grass species [J]. New Phytologist, 128 (4): 725 – 736.

GILL P K, SHARMA A D, SINGH P, et al. , 2002. Osmotic stress – induced changes in germination, growth and soluble sugar content of Sorghum bicolor (l.) Moench seeds [J]. Bulgarian Journal of Plant Physiology, 28 (3 – 4): 12 – 25.

GILMORE A M, 1997. Mechanistic aspects of xanthophyll cycle – dependent photoprotection in higher plant chloroplasts and leaves [J]. Physiologia Plantarum, 99 (1): 197 – 209.

GORDON D R, 1998. Effects of invasive, non – indigenous plant species on ecosystem processes, Lessons from Florida [J]. Ecological Applications, 8 (4): 975 – 989.

GUARíN A, TAYLOR A H, 2005. Drought triggered tree mortality in mixed conifer forests in Yosemite National Park, California, USA [J]. Forest Ecology and Management, 218 (1 – 3): 229 – 244.

GUEVARA J C, COLOMER J H S, ESTEVEZ O R, et al. , 2003. Simulation of the economic feasibility of fodder shrub plantations as a supplement for goat production in the north – eastern plain of Mendoza, Argentina [J]. Journal of Arid Environments, 53 (1): 85 – 98.

GUTSCHICK V P, WIEGEL F W, 1988. Optimizing the canopy photosynthetic rate by patterns of investment in specific leaf mass [J]. American Naturalist, 132 (1), 67 – 86.

HARLOW, W M, HARRAR, E S, WHITE, F M, 1979. Textbook of dendrology [M]. New York: McGraw – Hill.

HARRAR E S, HARRAR J G, 1962. Guide to southern trees [M]. New York: Dover Publications.

HATTON T, REECE P, TAYLOR P, et al., 1998. Does leaf water efficiency vary among eucalypts in water – limited environments? [J]. Tree Physiology, 18 (8 – 9): 529 – 536.

HE J S, WANG X P, FLYNN D F, et al., 2009. Taxonomic, phylogenetic, environmental trade – offs between leaf productivity and persistence [J]. Ecology, 90 (10): 2779 – 2791.

HE J S, WANG X, SCHMID B, et al., 2010. Taxonomic identity, phylogeny, climate and soil fertility as drivers of leaf traits across Chinese grassland biomes [J]. Journal of Plant Research, 123 (4): 551 – 561.

HEPTING G H, 1971. Diseases of forest and shade trees of the United States [M]. Washington DC: US Department of Agriculture.

HIDAKA A, KITAYAMA K, 2009. Divergent patterns of photosynthetic phosphorus – use efficiency versus nitrogen – use efficiency of tree leaves along nutrient – availability gradients [J]. Journal of Ecology, 97 (5): 984 – 991.

HIKOSAKA K, 2004. Interspecific difference in the photosynthesis – nitrogen relationship, patterns, physiological causes, ecological importance [J]. Journal of Plant Research, 117 (6): 481 – 494.

HORTON P, RUBAN A V, WALTERS R G, 1996. Regulation of light harvesting in green plants [J]. Annual Review of Plant Physiology and Plant Molecular Biology, 47 (1): 655 – 684.

HU Y L, ZENG D H, FAN Z P, et al., 2008. Changes in ecosystem carbon stocks following grassland afforestation of semiarid sandy soil in the southeastern Keerqin Sandy Lands, China [J]. Journal of Arid Environments, 72 (12): 2193 – 2200.

HUBER A, IROUME A, 2001. Variability of annual rainfall partitioning for different sites and forest covers in Chile [J]. Journal of Hydrology, 248 (1): 78 – 92.

HUSEIN A I, ALAWNEH A S, ABU–SAFAQAH O T, 1999. Effects of organic matter on the physical and the physicochemical properties of an illitic soil [J]. Applied Clay Science, 14 (5–6): 257–278.

IKEM A, NWANKWOALA A, ODUEYUNGBO S, et al., 2002. Levels of 26 elements in infant formula from USA, UK, Nigeria by microwave digestion and ICP–OES [J]. Food Chemistry, 77 (4): 439–447.

ILSTEDT U, MALMER A, ELKE V, et al., 2007. The effect of afforestation on water infiltration in the tropics, A systematic review and meta–analysis [J]. Forest Ecology and Management, 251 (1–2): 45–51.

JAVADI T, ARZANI K, EBRAHIMZADEH H, 2008. Study of proline, soluble sugar, chlorophyll a and b changes in nine Asian and one European pear cultivar under drought stress [J]. Proceedings of the International Symposium on Asian Plants with Unique Horticultural Potential, 769: 241–246.

JIANG G M, HAN X G, WU J G, 2006. Restoration and management of the inner Mongolia grassland require a sustainable strategy [J]. Ambio, 35 (5): 269–270.

JOFFRE R, RAMBAL S, 1988. Soil–water improvement by trees in the rangelands of southern spain [J]. Acta Oecologica–Oecologia Plantarum, 9 (4): 405–422.

JOHNSON G N, SCHOLES J D, HORTON P, et al., 1993. Relationships between carotenoid composition and growth habit in british plant–species [J]. Plant Cell and Environment, 16 (6): 681–686.

JOHNSON S M, DOHERTY S J, CROY R R D, 2003. Biphasic superoxide generation in potato tubers. A self–amplifying response to stress [J]. Plant Physiology, 131 (3): 1440–1449.

KELLER A A, GOLDSTEIN R A, 1998. Impact of carbon storage through restoration of drylands on the global carbon cycle [J]. Environmental Management, 22 (5): 757–766.

KINGSTON–SMITH A H, FOYER C H, 2000. Bundle sheath proteins are more sensitive to oxidative damage than those of the mesophyll in maize leaves exposed to paraquat or low temperatures [J]. Journal of Experimental Botany, 51 (342): 123–130.

KOECHLIN B, RAMBAL S, DEBUSSCHE M, 1986. Effects of pioneer trees on soil–moisture content in mediterranean old fields [J]. Acta Oeco-

logica – Oecologia Plantarum, 7 (21): 177 – 190.

KRONFUSS G, POLLE A, TAUSZ M, et al. , 1998. Effects of ozone and mild drought stress on gas exchange, antioxidants and chloroplast pigments in current – year needles of young Norway spruce *Picea abies* (L.) Karst. [J]. Trees – Structure and Function, 12 (8): 482 – 489.

LADJAL M, EPRON D, DUCREY M, 2000. Effects of drought preconditioning on thermotolerance of photosystem Ⅱ and susceptibility of photosynthesis to heat stress in cedar seedlings [J]. Tree Physiology, 20 (18): 1235 – 1241.

LANGDALE G W, WEST L T, BRUCE R R, et al. , 1992. Restoration of eroded soil with conservation tillage [J]. Soil Technology, 5 (1): 81 – 90.

LI X R, MA F Y, XIAO H L, et al, 2004. Long – term effects of revegetation on soil water content of sand dunes in arid region of Northern China [J]. Journal of Arid Environments, 57 (1): 1 – 16.

LI Y Y, SHAO M A, 2006. Change of soil physical properties under long – term natural vegetation restoration in the Loess Plateau of China [J]. Journal of Arid Environments, 64 (1): 77 – 96.

LIU M Z, JIANG G M, LI Y G, et al. , 2003. Leaf osmotic potentials of 104 plant species in relation to habitats and plant functional types in Hunshandak Sandland, Inner Mongolia, China [J]. Trees – Structure and Function, 17 (6): 554 – 560.

LOGGINI B, SCARTAZZA A, BRUGNOLI E, et al. , 1999. Antioxidative defense system, pigment composition, photosynthetic efficiency in two wheat cultivars subjected to drought [J]. Plant Physiology, 119 (3): 1091 – 1099.

LUGO A E, 1997. The apparent paradox of reestablishing species richness on degraded lands with tree monocultures [J]. Forest Ecology and Management, 99 (1 – 2): 9 – 19.

MAESTRE F T, CORTINA J, 2004. Are *Pinus halepensis* plantations useful as a restoration tool in semiarid Mediterranean areas? [J]. Forest Ecology and Management, 198 (1 – 3): 303 – 317.

MAESTRE F T, CORTINA J, BAUTISTA S, et al. , 2003. Does *Pinus halepensis* facilitate the establishment of shrubs in Mediterranean semi – arid afforestations? [J]. Forest Ecology and Management, 176 (1 – 3): 147 – 160.

MAGGIO A, HASEGAWA P M, BRESSAN R A, et al. , 2001. Unravelling the functional relationship between root anatomy and stress tolerance [J]. Australian Journal of Plant Physiology, 28 (10): 999 – 1004.

MARIN – SPIOTTA E, SILVER W L, SWANSTON C W, et al. , 2009. Soil organic matter dynamics during 80 years of reforestation of tropical pastures [J]. Global Change Biology, 15 (6): 1584 – 1597.

MERINO A, FERNANDEZ – LOPEZ A, SOLLA – GULLON F, et al. , 2004. Soil changes and tree growth in intensively managed Pinus radiata in northern Spain [J]. Forest Ecology and Management, 196 (2 – 3): 393 – 404.

MUNNE – BOSCH S, ALEGRE L, 2003. Drought – induced changes in the redox state of alpha – tocopherol, ascorbate, the diterpene carnosic acid in chloroplasts of Labiatae species differing in carnosic acid contents [J]. Plant Physiology, 131 (4): 1816 – 1825.

NEGRóN J F, MCMILLIN J D, ANHOLD J A, et al. , 2009 Bark beetle – caused mortality in a drought – affected ponderosa pine landscape in Arizona, USA [J]. Forest Ecology and Management, 257 (4): 1353 – 1362.

NICOTRA A B, DAVIDSON A, 2010. Adaptive phenotypic plasticity and plant water use [J]. Functional Plant Biology, 37 (2): 117 – 127.

NIINEMETS U, 2001. Global – scale climatic controls of leaf dry mass per area, density, thickness in trees and shrubs [J]. Ecology, 82 (2): 453 – 469.

NIYOGI K K, GROSSMAN A R, BJORKMAN O, 1998. Arabidopsis mutants define a central role for the xanthophyll cycle in the regulation of photosynthetic energy conversion [J]. Plant Cell, 10 (7): 1121 – 1134.

OKI T, KANAE S, 2006. Global hydrological cycles and world water resources [J]. Science, 313 (5790): 1068 – 1072.

OLEKSYN J, REICH P B, ZYTKOWIAK R, et al. , 2003. Nutrient conservation increases with latitude of origin in European Pinus sylvestris populations [J]. Oecologia, 136 (2): 220 – 235.

OLSON, DAVID F, 1974. Robinia L, locust, in, C. S. Schopmeyer and T. Coord. (Eds.), Seeds of woody plants in the United States, USDA Forest Service Agriculture Handbook, 450: 728 – 731.

ONODA Y, HIKOSAKA K, HIROSE T, 2004. Allocation of nitrogen to cell walls decreases photosynthetic nitrogen – use efficiency [J]. Functional Ecology, 18 (3): 419 – 425.

PACALA S, SOCOLOW R, 2004. Stabilization wedges, Solving the climate problem for the next 50 years with current technologies [J]. Science, 305 (5686): 968 – 972.

PADILLA F M, ORTEGA R, SANCHEZ J, et al., 2009. Rethinking species selection for restoration of arid shrublands [J]. Basic and Applied Ecology, 10 (7): 640 – 647.

PANDEY D M, KANG K H, YEO U D, 2005. Effects of excessive photon on the photosynthetic pigments and violaxanthin de – epoxidase activity in the xanthophyll cycle of spinach leaf [J]. Plant Science, 168 (1): 161 – 166.

PARROTTA J A, KNOWLES O H, WUNDERLE J M, 1997. Development of floristic diversity in 10 – year – old restoration forests on a bauxite mined site in Amazonia [J]. Forest Ecology and Management, 99 (1 – 2): 21 – 42.

PASTORI G M, FOYER C H, 2002. Common components, networks, pathways of cross – tolerance to stress. The central role of "redox" and abscisic acid – mediated controls [J]. Plant Physiology, 129 (2): 460 – 468.

PAUL K I, POLGLASE P J, NYAKUENGAMA J G, et al., 2002. Change in soil carbon following afforestation [J]. Forest Ecology and Management, 168 (1 – 3): 241 – 257.

PEICHL M, ARAIN A A, 2006. Above – and belowground ecosystem biomass and carbon pools in an age – sequence of temperate pine plantation forests [J]. Agricultural and Forest Meteorology, 140 (1 – 4): 51 – 63.

PELTZER D, DREYER E, POLLE A, 2002. Differential temperature dependencies of antioxidative enzymes in two contrasting species, *Fagus sylvatica and Coleus blumei* [J]. Plant Physiology and Biochemistry, 40 (2): 141 – 150.

POORTER H, DE JONG R, 1999. A comparison of specific leaf area, chemical composition and leaf construction costs of field plants from 15 habitats differing in productivity [J]. New Phytologist, 143 (1): 163 – 176.

POORTER H, NIINEMETS U, POORTER L, et al., 2009. Causes and consequences of variation in leaf mass per area (LMA), a meta – analysis [J]. New Phytologist, 182 (3): 565 – 588.

POORTER L, BONGERS F, 2006. Leaf traits are good predictors of plant performance across 53 rain forest species [J]. Ecology, 87 (7): 1733 – 1743.

PORTO P, WALLING D E, CALLEGARI G, 2009. Investigating the effects of afforestation on soil erosion and sediment mobilisation in two small catchments in Southern Italy [J]. Catena, 79 (3): 181 – 188.

PUIGDEFàBREGAS J, MENDIZABAL T, 1998. Perspectives on desertification, western Mediterranean [J]. Journal of Arid Environments, 39 (2): 209 – 224.

QIU Y, FU B J, WANG J, et al., 2001. Soil moisture variation in relation to topography and land use in a hillslope catchment of the Loess Plateau, China [J]. Journal of Hydrology, 240 (3 – 4): 243 – 263.

QUEREJETA J I, BARBER G, GRANADOS A, et al., 2008. Afforestation method affects the isotopic composition of planted *Pinus halepensis* in a semiarid region of Spain [J]. Forest Ecology and Management, 254 (1): 56 – 64.

RASCIO A, PLATANI C, DIFONZO N, et al., 1992. Bound water in durum – wheat under drought stress [J]. Plant Physiology, 98 (3): 908 – 912.

REICH P B, OLEKSYN J, 2004. Global patterns of plant leaf N and P in relation to temperature and latitude [J]. Proceedings of the National Academy of Sciences of the United States of America, 101 (30): 11001 – 11006.

REICH P B, ELLSWORTH D S, WALTERS M B, et al., 1999. Generality of leaf trait relationships, A test across six biomes [J]. Ecology, 80 (6): 1955 – 1969.

REICH P B, OLEKSYN J, WRIGHT I J, et al., 2010. Evidence of a general 2/3 – power law of scaling leaf nitrogen to phosphorus among major plant groups and biomes [J]. Proceedings of the Royal Society B – Biological Sciences, 277 (1683): 877 – 883.

REICH P B, WALTERS M B, ELLSWORTH D S, 1997. From tropics to tundra, Global convergence in plant functioning [J]. Proceedings of the National Academy of Sciences of the United States of America, 94 (25): 13730 – 13734.

REICH P B, WALTERS M B, ELLSWORTH D S, 1992. Leaf Life – Span in Relation to Leaf, Plant, Stand Characteristics among Diverse Ecosystems [J]. Ecological Monographs, 62 (3): 365 – 392.

REICH P B, WALTERS M B, ELLSWORTH D S, et al., 1994. Photosynthesis – Nitrogen Relations in Amazonian Tree Species – I. Patterns among Species and Communities [J]. Oecologia, 97 (1): 62 – 72.

REICH P B, WALTERS M B, TJOELKER M G, et al., 1998. Photosynthesis and respiration rates depend on leaf and root morphology and nitrogen con-

centration in nine boreal tree species differing in relative growth rate [J].
Functional Ecology, 12 (3): 395 – 405.

RELYEA R A, 2002. Costs of phenotypic plasticity [J]. American Natural-
ist, 159 (3): 272 – 282.

REYNOLDS J F, 2001. Encyclopedia of Biodiversity [M]. London:
Academic Press.

RIPULLONE F, GRASSI G, LAUTERI M, et al. , 2003. Photosynthesis –
nitrogen relationships, interpretation of different patterns between *Pseud-
otsuga menziesii* and *Populus x euroamericana* in a mini – stand
experiment [J]. Tree Physiology, 23 (2): 137 – 144.

ROBERTS S, VERTESSY R, GRAYSON R, 2001. Transpiration from
Eucalyptus sieberi (L. Johnson) forests of different age [J]. Forest Ecol-
ogy and Management, 143 (1 – 3): 153 – 161.

ROBICHAUD P R, 2000. Fire effects on infiltration rates after prescribed
fire in Northern Rocky Mountain forests, USA [J]. Journal of Hydrology,
231: 220 – 229.

ROBINSON J M, BUNCE J A, 2000. Influence of drought – induced water
stress on soybean and spinach leaf ascorbate – dehydroascorbate level and redox
status [J]. International Journal of Plant Sciences, 161 (2): 271 – 279.

SALZER J, MATEZKI S, KAZDA M, 2006. Nutritional differences and
leaf acclimation of climbing plants and the associated vegetation in different
types of an Andean montane rainforest [J]. Oecologia, 147 (3): 417 – 425.

SANCHEZ F J, MANZANARES M, DE ANDRES E F, et al. , 1998.
Turgor maintenance, osmotic adjustment and soluble sugar and proline ac-
cumulation in 49 pea cultivars in response to water stress [J]. Field Crops
Research, 59 (3): 225 – 235.

SAWYER J J, LINDSEY A A, 1964. The Holdridge bioclimatic formations
of eastern and central United States [J]. Proceedings Indiana Academy of
Science, 72: 105 – 112.

SCHIEVING F, POORTER H, 1999. Carbon gain in a multispecies canopy,
the role of specific leaf area and photosynthetic nitrogen – use efficiency in
the tragedy of the commons [J]. New Phytologist, 143 (1): 201 – 211.

SCHILLER G, 2001. Biometeorology and recreation in east Mediterranean
forests [J]. Landscape and Urban Planning, 57 (1): 1 – 12.

SCHLESINGER W H, REYNOLDS J F, CUNNINGHAM G L, et al. ,

1990. Biological feedbacks in global desertification [J]. Science, 247 (4946): 1043 – 1048.

SCHULZE E D, 1986. Whole – plant responses to drought [J]. Australian Journal of Plant Physiology, 13 (1): 127 – 141.

SCHUME H, JOST G, HAGER H, 2004. Soil water depletion and recharge patterns in mixed and pure forest stands of European beech and Norway spruce [J]. Journal of Hydrology, 289 (1 – 4): 258 – 274.

SHACHNOVICH Y, BERLINER P R, BAR P, 2008. Rainfall interception and spatial distribution of throughfall in a pine forest planted in an arid zone [J]. Journal of Hydrology, 349 (1 – 2): 168 – 177.

SHANGGUAN Z P, 2007. Soil desiccation occurrence an its impact on forest vegetation in the Loess Plateau of China [J]. International Journal of Sustainable Development and World Ecology, 14 (3): 299 – 306.

SHIELDS L M, 1950. Leaf xeromorphy as related to physiological and structural influences [J]. Botanical Review, 16 (8): 399 – 447.

SHIPLEY B, LECHOWICZ M J, WRIGHT I, et al. , 2006. Fundamental trade – offs generating the worldwide leaf economics spectrum [J]. Ecology, 87 (3): 535 – 541.

SIEFERMANNHARMS D, 1987. The light – harvesting and protective functions of carotenoids in photosynthetic membranes [J]. Physiologia Plantarum, 69 (3): 561 – 568.

SMIRNOFF N, 1998. Plant resistance to environmental stress [J]. Current Opinion in Biotechnology, 9 (2): 214 – 219.

SOANE B D, 1990. The role of organic matter in soil compactibility, A review of some practical aspects [J]. Soil and Tillage Research, 16 (1 – 2): 179 – 201.

STOKES M A, SMILEY T L, 1968. An introduction to tree – ring dating [M]. Smiley: University of Arizona Press.

STRELCOVA K, MATEJKA F, MINDAS J, 2002. Estimation of beech tree transpiration in relation to their social status in forest stand [J]. Journal of Forest Science, 48 (3): 130 – 140.

SULTAN S E, 2000. Phenotypic plasticity for plant development, function and life history [J]. Trends in Plant Science, 5 (12): 537 – 542.

THOMAS R L, SHEARD R W, MOYER J R, 1967. Comparison of conventional and automated procedures for nitrogen, phosphorus and

potassium analysis of plant material using single digestion [J]. Agronomy Journal, 59 (3): 240 – 243.

THOMPSON K, PARKINSON J A, BAND S R, et al. , 1997. A comparative study of leaf nutrient concentrations in a regional herbaceous flora [J]. New Phytologist, 136 (4): 679 – 689.

THORNWAITE C W, 1931. The climates of North America according to a new classification [J]. Geographical Review, 21 (4): 633 – 655.

VALLADARES F, PEARCY R W, 1997. Interactions between water stress, sun – shade acclimation, heat tolerance and photoinhibition in the sclerophyll *Heteromeles arbutifolia* [J]. Plant Cell and Environment, 20 (1): 25 – 36.

VAN DIJK A, KEENAN R J, 2007. Planted forests and water in perspective [J]. Forest Ecology and Management, 251 (1 – 2): 1 – 9.

VANRENSBURG L, KRUGER G H J, KRUGER H, 1993. Proline accu- mulation as drought – tolerance selection criterion: its relationship to mem- brane integrity and chloroplast ultrastructure in nicotiana tabacum L [J]. Journal of Plant Physiology, 141 (2): 188 – 194.

VENDRAMINI F, DIAZ S, GURVICH D E, et al. , 2002. Leaf traits as indicators of resource – use strategy in floras with succulent species [J]. New Phytologist, 154 (1): 147 – 157.

VERHOEF A, FERNANDEZ – GáJ, DIAZ – ESPEJO A, et al. , 2006. The diurnal course of soil moisture as measured by various dielectric sensors, Effects of soil temperature and the implications for evaporation estimates [J]. Journal of Hydrology, 321 (1 – 4): 147 – 162.

VERTESSY R A, WATSON F G R, O'SULLIVAN S K, 2001. Factors de- termining relations between stand age and catchment water balance in mountain ash forests [J]. Forest Ecology and Management, 143 (1 – 3): 13 – 26.

WANG S M, WAN C G, WANG Y R, et al. , 2004. The characteristics of Na$^+$, K$^+$ and free proline distribution in several drought – resistant plants of the Alxa Desert, China [J]. Journal of Arid Environments, 56 (3): 525 – 539.

WARTON D I, WRIGHT I J, FALSTER D S, et al. , 2006. Bivariate line – fitting methods for allometry [J]. Biological Reviews, 81: 259 – 291.

WATTS C W, DEXTER A R, 1997. The influence of organic matter in re-

ducing the destabilization of soil by simulated tillage [J]. Soil and Tillage Research, 42 (4): 253 – 275.

WEST G B, BROWN J H, ENQUIST B J, 1997. A general model for the origin of allometric scaling laws in biology [J]. Science, 276 (5309): 122 – 126.

WESTOBY M, WRIGHT I J, 2006. Land – plant ecology on the basis of functional traits [J]. Trends in Ecology & Evolution, 21 (5): 261 – 268.

WESTOBY M, 1998. A leaf – height – seed (LHS) plant ecology strategy scheme [J]. Plant and Soil, 199 (2): 213 – 227.

WILSONP J, THOMPSON K, HODGSON J G, 1999. Specific leaf area and leaf dry matter content as alternative predictors of plant strategies [J]. New Phytologist, 143 (1): 155 – 162.

WILSON R J S, LUCKMAN B H, ESPER J, 2005. A 500 year dendroclimatic reconstruction of spring – summer precipitation from the lower Bavarian Forest region, Germany [J]. International Journal of Climatology, 25 (5): 611 – 630.

WITKOWSKI E T F, LAMONT B B, 1991. Leaf specific mass confounds leaf density and thickness [J]. Oecologia, 88 (4): 486 – 493.

WORRALL J J, EGELAND L, EAGER T, et al. , 2008. Rapid mortality of *Populus tremuloides* in southwestern Colorado, USA [J]. Forest Ecology and Management, 255 (3 – 4): 686 – 696.

WRIGHT I J, CANNON K, 2001. Relationships between leaf lifespan and structural defences in a low – nutrient, sclerophyll flora [J]. Functional Ecology, 15 (3): 351 – 359.

WRIGHT I J, WESTOBY M, 1999. Differences in seedling growth behaviour among species, trait correlations across species, trait shifts along nutrient compared to rainfall gradients [J]. Journal of Ecology, 87 (1): 85 – 97.

WRIGHT I J, GROOM P K, LAMONT B B, et al. , 2004b. Leaf trait relationships in Australian plant species [J]. Functional Plant Biology, 31 (5): 551 – 558.

WRIGHT I J, REICH P B, WESTOBY M, 2001. Strategy shifts in leaf physiology, structure and nutrient content between species of high – and low – rainfall and high – and low – nutrient habitats [J]. Functional Ecology, 15 (4): 423 – 434.

WRIGHT I J, REICH P B, CORNELISSEN J H C, et al. , 2005. Assessing

the generality of global leaf trait relationships [J]. New Phytologist, 166 (2): 485 – 496.

WRIGHT I J, REICH P B, WESTOBY M, et al. , 2004a. The worldwide leaf economics spectrum [J]. Nature, 428 (6985): 821 – 827.

WRIGHT I J, WESTOBY M, REICH P B, 2002. Convergence towards higher leaf mass per area in dry and nutrient – poor habitats has different consequences for leaf life span [J]. Journal of Ecology, 90 (3): 534 – 543.

WRIGHT J A, DINICOLA A, GAITAN E, 2000. Latin American forest plantations – Opportunities for carbon sequestration, economic development, financial returns [J]. Journal of Forestry, 98 (9): 20 – 23.

YANG X H, WANG K Q, WANG B R, et al. , 2005. Afforestation using micro – catchment water harvesting system with microphytic crust treatment on semi – arid Loess Plateau, A preliminary result [J]. Journal of Forestry Research, 16 (1): 9 – 14.

ZHANG Q B, CHENG G, YAO T, et al. , 2003. A 2326 – year tree – ring record of climate variability on the northeastern Qinghai – Tibetan Plateau [J]. Geophysical Research Letters, 30 (14): 1739 – 1742.

ZHENG S X, SHANGGUAN Z P, 2007. Spatial patterns of photosynthetic characteristics and leaf physical traits of plants in the Loess Plateau of China [J]. Plant Ecology, 191 (2): 279 – 293.

ZIMMERMANN U, STEUDLE E, 1978. Physical Aspects of Water Relations of Plant Cells [J]. Advances in Botanical Research, 6: 45 – 117.

Abstract

This book takes Northern Shaanxi in the Loess Plateau as the research area. Black locust (*Robinia pseudoacacia L.*), an N – fixing, drought – enduring and fast growing species, has the extensive distribution in the study area, and was selected as the target species. The regional distribution of soil moisture content and the impact of plantation on it was analyzed; the community diversity, population characteristics and individual radial growth of *Robinia pseudoacacia* L. plantations was investigated; the resource use features of *Robinia pseudoacacia* L. and its strategy under drought stress based on leaf nutrient concentrations was explored.

This book can be used as a reference for scientific research workers engaged in vegetation restoration, plant physiological and ecological adaptability, ecological hydrological effects of vegetation in arid and semi – arid areas, and can also be read by relevant teachers and students of colleges and universities.

Contents

"水科学博士文库" 编后语

水科学博士是活跃在我国水利水电建设事业中的一支重要力量，是从事水利水电工作的专家群体，他们代表着水利水电科学最前沿领域的学术创新"新生代"。为充分挖掘行业内的学术资源，系统归纳和总结水科学博士科研成果，服务和传播水电科技，我们发起并组织了"水科学博士文库"的选题策划和出版。

"水科学博士文库"以系统地总结和反映水科学最新成果，追踪水科学学科前沿为主旨，既面向各高等院校和研究院，也辐射水利水电建设一线单位，着重展示国内外水利水电建设领域高端的学术和科研成果。

"水科学博士文库"以水利水电建设领域的博士的专著为主。所有获得博士学位和正在攻读博士学位的在水利及相关领域从事科研、教学、规划、设计、施工和管理等工作的科技人员，其学术研究成果和实践创新成果均可纳入文库出版范畴，包括优秀博士论文和结合新近研究成果所撰写的专著以及部分反映国外最新科技成果的译著。获得省、国家优秀博士论文奖和推荐奖的博士论文优先纳入出版计划，择优申报国家出版奖项，并积极向国外输出版权。

我们期待从事水科学事业的博士们积极参与、踊跃投稿（邮箱：lw@waterpub.com.cn），共同将"水科学博士文库"打造成一个展示高端学术和科研成果的平台。

中国水利水电出版社

水利水电出版分社

2018 年 4 月